U0304391

Cat problem

Learn to take good care of cats

喵问题

学着好好爱你的猫

小兽医林煜淳、猫奴41 ——————— 著

电子工业出版社·
Publishing House of Electronics Industry
北京·BEIJING

专家力荐

学着，好好爱你的猫主。

——台大社会系教授、《学着，好好爱》作者　孙中兴

书中解答了许多饲养猫咪的专业问题，绝对是猫痴的必备秘籍！

——PetTalk 创办人　David Cheng

通过猫奴与兽医师的问答，传递浅显易懂的猫咪保健观念，值得推荐的好书！

——台湾中山动物医院、台北 101 猫医院总院长、猫博士　林政毅

猫奴想知道的许多问题都可以在这本书中找到答案，真心推荐这本《喵问题》。

——台北市兽医师公会理事长、曼哈顿动物医院院长　谭大伦

我看到一位年轻兽医师，用心在经营他的兽医生涯，专心聆听及热心解答宠物问题，并用生动活泼的文笔加以叙述，故容我推荐这本好书给大家。

——"中华兽医师联盟协会"理事长、康宁动物医院院长　王声文

养猫大学问，做个好猫奴——《喵问题》，诚心推荐！

——剑桥动物医院总院长　翁伯源

目录

序：小兽医说

你认识你的猫咪吗？

或者说，你认识猫咪吗？

很多人以为猫咪跟狗一样，但是，"猫不是狗！猫不是狗！猫不是狗！"因为很重要所以说三遍。

猫咪比狗野性强，通常独来独往，不像在外面的狗常群聚在一起。

猫咪和狮子老虎一样是肉食动物（蛋白质的摄取很重要），不像狗比较贴近人类饮食习惯，猫咪是属于肉食偏杂食性动物。

猫咪并不需要有人一直在旁边陪着（有人陪，说不定还会不开心），相较起来，狗就比较需要同伴，没有人类或者其他狗是不行的。

此外，猫咪的生理作息以及许多疾病的产生，和狗也是不一样的。

既然猫咪与狗如此大不相同，那么，照顾猫咪的方式和照顾狗的方式，当然会有许多不同。

这本书就来介绍主人／饲主／猫奴（随便你怎么称呼自己，本书就以"猫奴"代称）需要知道的事情。

与市面上的多数书籍不同，这是一本猫奴提出问题，然后小兽医负责回答的书，坦白说有一两个问题我本来心想："啊，这也是问题？"但最后发现，这些问题很有趣也很实用。

本书分为十章，用问答形式提供猫奴该知道的猫知识，比如如何观察猫主子的健康状况以及更多与医疗相关的注意事项（我尽可能避免让大家打瞌睡或觉得无聊），以及各种容易被忽视的照顾事项。

针对猫主子越来越长寿衍生出的老猫疾病问题（这跟人类面对老死一样重要），我们也会做些讨论。此外，本书也会附上一些简易的评估表，作为猫主子就医前的准备。

祝大家和猫咪幸福快乐！

序：猫奴41说

大家有没有想过，为何养猫的人是"奴"而养狗的人是"主人"呢？

我自己是这样看的，狗狗外向而猫咪内敛。狗是犬科，本为群居动物，需要同伴；而猫咪多为现实主义者，群体有利则会成群出现，但若个别行动比较方便，独来独往也是常态。

群体往往需要一套有系统的规范，有主从、上下之别。所以当你是个狗主人，请注意，你的自律心才能够带领你的狗狗有规矩。所以该放风时就准时放风，不该喂食时就不可以有人偷偷塞小点心，命令更不可以朝令夕改，否则狗狗容易学坏。

但养猫就不是这样了，猫咪更像有点小懒惰、喜欢小确幸的现代人：它们知道这个社会的规矩，但私下仍会偷偷摸摸，找点无伤大雅的小乐子。不太容易学坏，但也不愿意遵守太过分的规矩，它们很能够自得其乐地活在自己的小世界里。所以，一个好的猫奴，就要顺着猫咪的规矩，别强加规矩在它身上，这样它才能自在且快乐地生活，想到你的时候就过来黏黏你，沾你整身猫毛，以示宠爱。

若说狗儿让我看见热情与陪伴的重要性，那么，猫咪教会我的是容忍、包容与尊重。只有当你开始愿意放下自身成见，客观认识猫咪这种生物时，你才会真正看见这种生物的需要，尊重这种生物的生活方式、生活习惯，并开始学会容忍与接纳共同生活时必然出现的不便。例如，我家猫咪活动区域内禁止任何塑料袋出现（原因详见书中第 17 页），另外在客厅的正中间更有多款猫抓板供猫主子们抓好抓够。倘若未来有一天，当你可以像我一样对爱猫们随地大小便的情形投以淡定的眼神，以平静的态度去寻找原因并加以改善时，恭喜你，你已经是一名成熟（合格）的猫奴了。

与市面上众多宠物书籍不同，《喵问题》试图问出猫奴心中的疑惑。所以在写作过程中，由作者君 2 号——猫奴 41——四处搜集遇见的喵问题，交由作者君 1 号——小兽医先生——回答。身为一名猫奴，我深感荣幸也极为开心能参与本书的提问与写作，因为我可以乱问很多以前不敢问的问题，并获得免费且专业、严谨与认真的第一手解答。当然，作者君 1 号有时免不了因为问题古怪而露出"这也是问题啊"的表情，但作者君 2 号依旧秉持众多猫奴的求知精神继续追问，绝不放弃。

近年来有越来越多都市人加入了猫奴的行列，我想，很多人养猫的原因可能跟当初的我一样吧，觉得猫咪又萌又好照顾。嗯哼，伺候猫主子哪有那么容易！作为一个有责任感的猫奴，请务必购买本书，因为本书就是猫主子的伺候宝典。在此与各位分享，若不是因为本书，本奴不会发现，原来本奴过去习以为常的伺候猫娘娘的经验，是从小训练狗儿子的那一套（泪奔）……

猫咪经常呕吐吗？为猫咪抓沙发而烦恼吗？为什么猫咪会随地大小便？带猫咪去看兽医师需要注意哪些事项？老猫需要更仔细地观察与照顾吗？如果你也有上述困惑，那么请把本书当作重要工具书之一吧！

第一章
猫咪是什么

你认识你的猫咪吗?

让我们真正严肃地来看待这个问题。

上天赋予猫咪尖牙、利爪、声带、肉垫、缩放自如的瞳孔、长长的胡须……它们开心时会呼噜，整理自己时会舔毛，愤怒紧绷时毛发会竖起，打架前会先号叫威吓。它们的眼睛在夜间能够轻易看清奔走中的猎物，习惯在夜晚狩猎；在野外，它们几乎是所有小生物的天敌。

　　作为猎手，它们习惯掩埋粪便与气味，习惯藏匿自己，躲在高处；它们相较于狗更独立、谨慎、小心。

　　即使每只猫咪个性不同，但上述这些特点都会或多或少被猫咪带入你与它的生活中——如果你爱它，你也必须接纳以上全部特质。

Q1：猫咪抓沙发怎么办？

小兽医　猫咪就是会抓沙发。（非常肯定的回答）

各位要知道，对猫科动物来说，磨爪是本能反应。不只沙发，其他家具、地板都可能有爪子磨过的痕迹。

我的建议是双管齐下。一方面引导鼓励它们去抓猫抓板，另一方面就是挑选沙发的时候多留意一下材质。通常猫咪爱抓沙发是因为声音，它们喜欢那种抓起来会发出窸窸窣窣声音的物品，如果避开这种材质，我想它们抓沙发的频率会降低很多。但即使是身为兽医师的我，心里也还是很清楚，受摧残的何止是沙发！只要是家具，多少都会留有表示"到此一游"的爪痕。

猫　奴　我想起来了！我的窗帘上面也有撕裂的痕迹！所以这是爱的苦果！

小兽医　　所以不要买太贵的沙发等家具啊！

猫　奴　　……

小兽医　　总之，我坚决支持猫咪争取磨爪的自由！猫奴要把
　　　　　东西收好啦！多准备几个猫抓板比较实际！

自！由！磨爪子！
（阿妮＊是奇异果的门神）

　　＊阿妮是本书台湾出版方奇异果文创的小黑猫，作为特别嘉宾参
与本书创作。——编者注

同场加映

猫奴大发现：便宜猫抓板拯救你的沙发！

小兽医　你家有几个猫抓板？

猫　奴　现在猫抓板都做得好精致啊！还有做成猫屋、猫床形状
　　　　的，猫咪不仅可睡可抓，还可以玩躲猫猫，光是纸做的
　　　　猫屋，我家应该就有六个吧……（看着远方）

小兽医　你养了几只猫咪？

猫　奴　三只。我家沙发是布艺的，目前只有在角落处发现过猫抓
　　　　后略微脱线的痕迹（因为有只猫咪喜欢躺着抓）。

建议——猫抓板只要100至500新台币就可以买到，但两人座沙发
却要好几千或上万新台币……会精打细算的猫奴们，为了你的沙发
着想，是不是多买几个猫抓板比较划算？

猫抓板

同场加映
猫咪的异食癖（请同时阅读Q48）

磨爪是猫咪的习性，要猫咪不抓东西是不可能的（这是它们的本能加上天性的双重作用导致的）。然而，对小兽医来说，家具或沙发被抓破事小，猫咪乱吃东西才是大问题。例如家里可能会出现的塑料袋、塑料拖鞋、电线、毛衣、橡皮筋、吃盐酥鸡留下的尖锐竹签、缝线、鱼钩、鱼线、拼接地板等都是临床上曾被猫吃下肚的东西，继而引发胃肠道异物阻塞，最后只能通过开刀取出。

所以，请仔细观察你的猫咪，如果猫咪喜爱某些不应该吃的物品，那么居家生活的收纳，猫奴就必须加倍小心。

此外，许多植物对猫咪来说都是有毒的，所以谨慎起见，家里的盆景或盆栽植物一定要放在猫咪碰不到的地方。（猫奴补充：要记得猫会跳跃，所以放在高台上是没有用的哦！）

Q2：我家猫咪玩便便？

小兽医　　这……猫咪玩便便的情况，一般是幼猫比较多。因为幼猫在发育过程中会对很多事物产生好奇心，就像人类小孩一样，会把东西放到嘴边咬一咬或者用手去抓。至于成猫，它们玩便便的情况是极少的，如果真有如此严重的情况，建议寻求兽医师帮助。

猫　奴　　因为不正常是吧？

小兽医　　嗯！

当猫咪开始玩便便时，猫奴最好快点把猫砂与便便清除，另外，建议猫砂盆的数量最好在两个以上。

猫　奴　　N+1 吗？就是假使你养的是 N 只猫咪，那就要多 +1
　　　　　个猫砂盆？

小兽医　　对对对，最好是这样。还有，猫抓板、猫碗、水碗
　　　　　也最好是 N+1 哦！

猫砂盆

同场加映
训练猫咪使用猫砂盆

| 小兽医 | 猫咪非常聪明且爱干净，它们会照顾自己，也容易自得其乐。作为一个有责任感的猫奴，提供给猫主子干净的卫生设备及磨爪用具非常重要。 |

| 猫　奴 | 小兽医，你为什么不直接说猫抓板就好？磨爪用具好绕口…… |

| 小兽医 | （继续说话）假使幼猫不懂得如何上厕所，那么及早引导幼猫上厕所就是猫奴的重要功课了！务必将猫砂盆放在幼猫容易到达的位置。如果幼猫在错误的地方大小便，千万不要强迫它们去闻自己的便便或尿液，这种方式无助于解决问题。只要对随意大小便的地方进行消毒并去除味道，并且有耐心地多观察、多引导几次就好了。幸运的是，大部分猫咪不用额外训练，天生就会用猫砂。 |

Q3：我或家中小孩过敏，是因为养猫咪的关系吗?

小兽医　　大多数成人或小孩会过敏，都不一定和猫咪有关。如果小孩过敏，很可能对毛屑、皮衣等毛质的衣物都会过敏，不一定跟猫咪有关。

如果确实想弄清猫毛是否为你的过敏原，我认为应咨询专科医师并进行过敏原检测，还猫咪一个公道。因为，以我几十年的临床经验来说，由猫咪引起人类过敏的比例真的、真的、真的非常低。

猫　　奴　　那是因为过敏的人不会找你看（翻白眼）！像我就常听到过敏的故事啊！例如我有朋友就不能接近猫咪，一接触就会狂打喷嚏、流鼻涕。

小兽医　　这是因为猫咪的毛很细，有些人碰到细的毛可能就会打喷嚏，至于是不是因为猫毛过敏还是要人类的医师去判断（小兽医再度坚决站在猫咪一边）。

猫　　奴　　兔子的毛不是很细吗？为什么没有听过因为兔子毛而过敏的呢？

小兽医　　兔子掉毛量没有猫咪这么多啊！

同场加映

过敏是什么？抗过敏大作战！

　　过敏本身是发炎的反应，身体只要出现外来物（又称过敏原），我们人体的白细胞（又称抗体）就会启动防御反应，而过敏就是白细胞过度反应的症状。举例来说，社区为了抓一个小偷，政府却派了一支特种部队用重武器来攻击小偷，这不仅会歼灭小偷，也会破坏社区的环境与设备，特种部队所造成的破坏就是过敏反应。

　　所以，过敏就是人体细胞与外来物作战的结果。而这种结果，人们通常反映出来的症状就是痒，这是因为身体会分泌大量的组织胺，而组织胺的释放会让人们觉得痒，还会引起血管收缩，人们就开始想打喷嚏、流鼻涕等。

如何减轻过敏反应呢？在室内可以使用空气清新器，常清洗床单、窗帘，勤吸尘，常常给猫咪梳毛，定期给猫咪洗澡，减少猫毛飘散的概率，应能达到一定的效果。

Q4：养猫咪后
家里都是跳蚤？

小兽医　　目前市售的除蚤药物，除蚤防蚤的效果都可以达到一个月。如果猫咪本身没有跳蚤，家里就不容易出现跳蚤。

如果猫咪已经除蚤了，但环境中还是有，那可能就是环境除蚤需要加强，例如家里有院子，或者家中环境吸引野猫出入，这些都可能造成跳蚤无法消除。

以当今的医学水平来说，猫咪除蚤是件非常容易的事情，只需要定期点药，就能起到预防和治疗作用。

猫　奴　　所以这个问题问错了，应该是这样问：理论上来说，养猫（除蚤）之后，家里不应该有跳蚤？

小兽医　　应该这样说，猫咪确实可能带来跳蚤，可是如果猫咪没有出门的话，跳蚤为何来你家？所以跳蚤不一定是猫咪带来的哦！跳蚤很有可能随着人类的裤管、鞋子进入家庭，跟猫咪并不一定有直接关系。

猫　奴　所以这样就帮猫咪洗刷污名了？如果它是一只家猫，
　　　　而且也按时除蚤，那跳蚤肯定是人类带进来的……

猫用除蚤药

小兽医　　　本来就是啊！引发跳蚤的因素本来就要分为"环境"
　　　　　　与"猫咪"。如果确认猫咪本身没有跳蚤，那当然
　　　　　　就是环境问题。这个问题本身预设了"猫咪＝带来
　　　　　　跳蚤"，其实不具有必然的因果关系，只是人类并
　　　　　　没有加以求证，就乱加罪名在动物身上。也常有人
　　　　　　问我，是否因为养猫咪的关系而导致小孩有呼吸道
　　　　　　问题，可是我觉得，呼吸道问题不一定是猫毛引起
　　　　　　的，也可能是环境因素啊（例如PM2.5超标的糟糕空
　　　　　　气）！

猫　　奴　　因为养了猫咪就怪到猫咪头上？

小兽医　　　我觉得人们容易觉得养动物就会有跳蚤，可是现在
　　　　　　的除蚤方式既简便又有效，所以不见得有必然联系，
　　　　　　反而是环境本身的问题比较大吧！

Q5：我觉得猫咪都很孤僻不理人，怎么办？

小兽医　　养猫咪之前，你一定要知道猫咪是怎样一种动物：它们自身个性独立，不像狗往往需要长时间缠着主人，一直要人们摸它、陪它，怕人不理它。

猫　奴　　小兽医，你确定你没有讨厌狗？

小兽医　　（继续说话）我觉得猫咪生性有种傲骨，没有依赖性格——只要我们了解这一点，就会知道怎么和它相处。

　　　　　从我的角度来看，猫咪可爱的地方在于，当它们想找你的时候就会自己来找你，或者当你手中有些很特殊的东西，例如玩具、零食等，它们就会来找你。

和阿妮玩逗猫棒

猫　奴　　我觉得猫咪很势利眼！要吃的时候就来找我，平常
　　　　　都假装没看见我……

小兽医　　（继续说话，假装没听见）猫咪其实是种很实际、
　　　　　纯真和直率的可爱动物。所以猫奴若需要陪伴的话，
　　　　　可以用这种方式去和猫咪互动，但不要奢望猫咪整
　　　　　天缠着你、偎着你，那是不可能的啦！（其实狗狗
　　　　　也很现实啊，有好吃的自然会靠近……）

同场加映
让我们陪猫咪游戏吧！

室内猫往往有吃得太多、运动太少而导致肥胖的问题。

（猫奴：可是猫胖胖的很可爱啊～是不是～～是不是～～～是不是～～～～）

对，但就跟人一样，你不想它之后慢性病缠身吧？所以要陪它游戏，跟它互动。这样猫奴也不会觉得猫咪不理人，同时猫咪也可以借此运动，和猫奴建立更亲密的关系。市面上有很多猫咪玩具，由于猫咪具有捕猎天性，逗猫棒是种不错的选择。猫奴可以借由逗猫棒，让猫咪获得抓和捕猎的乐趣，但要留意不要让猫咪吃下羽毛，避免造成肠阻塞的风险。（猫奴：防止猫咪乱吃东西才是好猫奴应有的行为。）

Q6：猫咪很阴，是真的吗？

（猫咪会看见一些看不见的东西？）

小兽医　这样的说法应该来自民间故事、坊间流传，加上媒体长期以来给猫咪塑造的形象，视猫咪为一种神秘的动物。（猫奴：小兽医你太爱猫了吧……我记得西方媒体以前觉得猫咪很邪恶啊！）

至于猫咪很阴……应该没有科学依据。

猫咪在听觉、视觉、嗅觉上的能力确实比人类强许多，比如它们能接收的音频比人类宽广很多，视角也比人类广，所以很容易让我们认为猫咪容易见到一些比较有灵性的东西等，但这并没有科学依据。

我觉得猫咪还是很阳光的，有很多地方的表现跟狗很像，比如说它们常表现出率真的一面，反应也很直接——喜欢就是喜欢，不喜欢就是不喜欢——怎么能说它们很阴呢？

同场加映
猫咪小知识——解析猫咪的五官

听觉 猫咪的听力不仅比人类好，也比狗好。一般认为猫咪的听力是人类的 4 倍。而猫咪更厉害的地方在于能判断声音的方位——猫咪耳朵朝向的方向就是声音传来的方向！所以如果猫咪对吹风机反应很大的话，建议把吹风机拿得离它们远一些。

味觉 猫咪的舌头可以感觉酸、咸、苦、甜，但有研究显示它们对甜度不敏感，也有一种说法是它们对咸味也不敏感。所以人类食物调味料并不适合猫咪食用，它们无法区分，也会加重猫咪的身体负担。另外，猫咪的舌头可以分辨肉类腐烂的味道，所以不要用过期的罐头引诱猫咪，它们可是会发现的哦！

（猫奴：难怪我家 18 岁的姑奶奶猫只吃刚开的猫罐头，它一闻到放冰箱冷藏过的罐头，就会喵呜喵呜地骂人呢！）

触觉 猫咪可爱的胡须是它的感觉器官之一。一般认为胡须生长的宽度大概就是猫咪身体的宽度，故胡须就是猫咪天生的尺，让猫咪可以衡量身体与其他物体之间的距离，避免碰触到周围其他物品。

嗅觉 猫咪的鼻子可以闻到 500 公里外的味道，嗅觉敏感度更是人类的 20 万倍以上。除此以外，猫咪的鼻子也是温度感应器，即使温度只有微小的变化，猫咪也可以用鼻子感觉到。所以不要再用奇怪的味道去刺激猫咪了，如万金油、白花油或者精油类产品，这对它们都是伤害哦！

视觉 猫咪的可视角度是 280 度，动态视力非常好，可以看见快速移动的物体。瞳孔在黑暗处会放大，接受光线的需要程度仅为人类所需的 1/6，所以在夜间可以看得很清楚。即便如此，猫咪却是个大近视！它们的一般视力只有人类的 1/10，无法辨识细小的东西（如果细小物体没移动的话），所以它们主要靠嗅觉辨别事物。

猫咪脸部和胡须特写

Q7：猫咪有血型吗？

小兽医 ▎ 人类的血型分为 A、B、AB 和 O 型，猫咪的血型则分
为 A、B 和 AB 三种。跟人类一样，猫咪不同的血型是
不能互相输血的，所以猫咪输血前一定要先比对才
行！

同场加映
小兽医的呼吁——我们需要献血猫！

健康安全的输血，往往可以救助危及生命的动物。在动物尚
未建立完整的血库前，请猫奴让自己健康的宠物来当"献血动
物"吧！我看到许多因接受输血而存活的病例，也看到献血动物
的热血温暖了人类的心！

我们鼓励符合以下条件的猫咪来当献血猫，请猫奴们主动向
有需要的动物医院报名（当然本医院非常非常欢迎）。你家猫
咪的热血可以帮助其他猫咪，同样的，未来你的猫咪也可能因此
受惠！

献血猫报名条件

1. 猫咪的体重 > 3.5kg。
2. 猫咪的年龄在 1 岁至 7 岁间。
3. 猫咪的 HcT（血溶比）> 35%、Hb（血红素）> 11g/dl，身体状况良好。
4. 猫咪每年施打预防针。
5. 猫咪未曾接受过输血。

输血方面注意事项

1. 献血猫需要进行全血检、血液生化检查、心丝虫检查（猫咪要做 FIV/FeLV 检查）。这是为了确保血液的健康。
2. 猫咪最大献血量为 60ml，或每 30 天 10 ～ 15ml/kg。
3. 猫咪需进行简易的院内交叉配血试验。这是由于大多数猫咪会产生抗体，所以需要先行确认。
4. 输血后的过敏反应和生理监控。

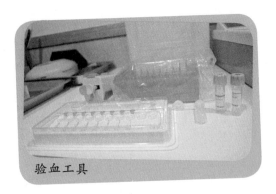

验血工具

Q8：猫咪体型很小，
应该不花钱吧？

猫　奴　　这题我来！嗯哼，怎么会不花钱？养人类小孩都很花钱了，猫小孩都叫小孩了怎么会不花钱？基本花费是必要的，带去看病才是会花很多钱的——毕竟现在宠物没有健康保险，带猫咪回家一定要三思啊！
　　　　　（被猫咪咬走……）

小兽医　　……

同场加映

猫奴简单计算：一只猫咪的基本需求

养猫的事前准备（预估最少要 1345 元）

设备	价格	注意事项	最便宜计算（人民币）
猫砂盆	方形塑料盆，20～100 元 双层猫砂盆，30～100 元 全封闭猫砂盆，70～300 元	不管你用哪种盆，猫都极有可能把猫砂拨出，尿出盆外，故需要厨房纸巾等其他清洁用品，才能延长猫砂盆寿命	20×2（个）
落砂垫或踏板	一般脚踏垫 10～20 元，专用的踏板 50～150 元		10×2（片）
猫窝	80～200 元不等，市面上许多猫窝结合了猫跳台或猫抓板功能，一举多得	建议猫窝还是要有遮盖，可让猫咪躲藏的较好	80
食碗	价格随材质（塑料、不锈钢、陶瓷）不同，最便宜的塑料碗约 15 元	每餐清洗	15

喝水设备	便宜的大碗 10 元 自动饮水器，50～300 元	要多放几个，每天换水	10×2（个）
猫梳	35～100 元		35
指甲刀	35～50 元		35
猫提笼	150～300 元	最好是坚固有门的塑料提笼，以杜绝猫咪咬开或跑掉的风险	150
医疗	绝育： 公猫 800～2000 元， 母猫 1000～2500 元 除蚤： 约 35 元 / 月 除寄生虫： 约 35 元 / 月 预防针： 80～100 元 / 次 （注：绝育手术会因为麻醉剂、麻醉方式的差异而产生比较大的价差）	绝育的好处多多	950

猫奴说：以上只是提供给各位参考的数值。为了方便大陆猫奴，我们将原书中的台湾常用价格都替换成大陆相关费用的参考价格，以人民币"元"为单位。

养猫的日常花费（预估至少 1978 元 / 月 / 一只猫）

	种类	价格与数量	注意事项	最便宜计算（人民币）
猫食	干饲料	（7kg/500 ～ 800 元）3 个月	猫咪需要少食多餐 罐头尽量开启即用完 （可用保鲜膜包裹后存放于冰箱，但也应尽量在一日内用完） 若以干食为主，一个月约 200 元 若以罐头为主则要一天 10 元以上	200 元 / 月
	湿食罐头	小罐头约 85g，5 ～ 10 元，1 ～ 2 个 / 天 大罐头约 180g，10 ～ 30 元，1 个 / 天		
	生肉饼	12 块 180 ～ 350 元，1 块约 155g，1 天约喂食 1.5 块		
化毛膏		1 支约 100 元，3 个月用一次。		33 元 / 月
猫砂	请见 Q2	71 豆腐砂 / 月，一包 30 ～ 50 元	可能需要额外补充除臭剂、小苏打粉以避免臭味蔓延	30 元 / 月
猫抓板	瓦楞纸材质、麻绳缠绕、木制猫抓板	瓦楞纸 10 元一片。猫屋 40 元 麻绳缠绕 20 ～ 100 元 木制猫抓板约 30 元 寿命 1 个月～ 1 年不等	请多买几种猫抓板吧	100 元 / 月

医疗保健	除蚤	除蚤约35元/月	健康检查*就是事先的预防工作，降低猫咪生病的风险	1615元/年
	预防针施打	预防针，幼猫起初可能要2~3次/年，成猫1次/年，80~100元		
	定期健康检查	1次/年，500~1500元		
	定期洗牙	1次/1.5~2年，1000~2000元		

各种猫碗

猫窝

猫窝（夏季用凉感布）

---

*健康检查依照检查项目不同而收费不同；而洗牙需要麻醉，麻醉方式与麻醉剂决定了价格差异。

养猫咪的坏处

→ 猫咪很花钱，每月固定支出随便就要一千多，更别提想给猫咪更好的待遇了，虽然薪水不涨，但猫咪用品却越来越贵……

→ 家具与地板被抓坏，高处东西被摔碎。

→ 猫毛到处飞，要频繁打扫。

→ 猫咪常乱吐，好难清理。

→ 猫咪再怎么爱干净，它的尿与便便都很臭，沾到或喷到都很难洗。

→ 无法安心地出远门。

养猫咪的好处

→ 内心的喜悦是无价的。

→ 更有包容心，面对一起生活的猫咪，你学到的就是退让与忍耐。

→ 拍照技术变好。

→ 梳下的猫毛正是做可爱的猫玩偶或猫毛毡的好材料！

→ 交到很多志同道合的朋友。

小兽医　　养猫好处多多！你只想出这几样太少了！比如还
　　　　　有猫咪的呼噜很可爱啊，摸猫咪很减压啊，还有
　　　　　很多很多……

多说一点，多说一点！

Q9：养幼猫与养成猫的差别在哪里？ 幼猫会比较听话吗？

小兽医

对第一次养猫咪的猫奴而言，坦白说，养幼猫比较吃力。因为幼猫还在发育中，抵抗力较成猫弱，食欲也较不稳定，肠胃也较脆弱，猫奴需要仔细留意。

另外，在行为方面，猫奴需要去适应幼猫的行为，训练它用猫砂，陪它适应环境等。所以，饲养幼猫需要更多的耐心，学习更多的知识。

幼猫比较顽皮，你可以想象一个1岁多的小孩什么都不懂，什么都想玩——萌起来好可爱，但破坏起来也是小恶魔——照顾起来自然也会比成猫辛苦。

成猫已经有固定的行为模式，照顾起来相对容易，而它们适应环境的能力也会比较好，较不容易生病。

猫　奴　　这不就表示成猫的行为很难调整吗?

小兽医　　可是我觉得行为是因猫咪而异的,不见得养成猫就一定会有行为上的问题。我认为不同的猫咪会有不同的个性。而且,养幼猫真的比养成猫辛苦,因为幼猫的调皮捣蛋是第一次养猫咪的初学者很难想象的,它可能没事抓你一下,咬你一口,扑你一下,就是爱玩啊!

猫　奴　　所以小兽医鼓励大家养成猫?

小兽医　　对对对!

同场加映
怎么换算猫咪的年纪？

	猫咪（岁）	人类（岁）
幼猫	1	7
	2	13
	3	20
成猫	4	26
	5	33
	6	40
	7	44
	8	48
高龄猫	9	52
	10	56
	11	60
	12	64
	13	68

老年猫	14	72
	15	76 *
	16	80
	17	84 **
	18	88
	19	92
	20	96
	21	100
	22	104
	23	108
	24	112
	25	116

备注

1 年龄计算，从 6 年后每年 +4。

2 室内猫平均年龄为 10～15 岁，流浪猫平均年龄为 3～5 岁。

3 *为台湾男性平均寿命，**为台湾女性平均寿命。

Q10: 必要的检查
在爱心领养或带流浪猫回家之前……

小兽医　　比起家猫，外面的流浪猫更容易带来疾病，因此在发扬爱心带流浪猫回家时，记得拜访一下动物医院，让兽医师进行以下检查：

1　皮毛检查，看看有没有跳蚤，需不需要驱虫；以及有无皮肤病，需不需要治疗……

2　粪便检查，看看有没有寄生虫的卵囊。粪便挑选原则上不要隔日，最好当天，取一个米粒大小的试样就好。

3　传染病筛检，从外面带回猫咪时，一定要做艾滋病与白血病筛检。

4　如果还有余钱，最好再做个基础血液检查，可作为衡量猫咪健康状况的基准。

猫　奴　　那何时该打预防针啊？

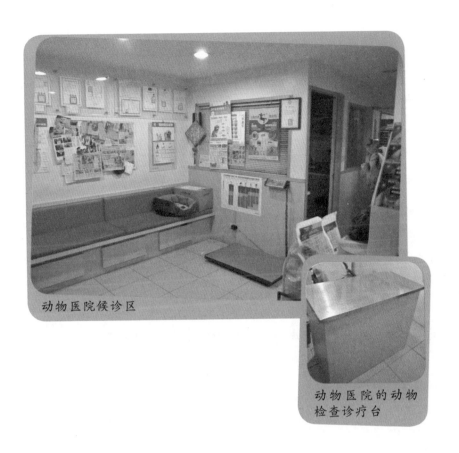

动物医院候诊区

动物医院的动物
检查诊疗台

小兽医　　　要注意，刚刚带回家的猫咪不建议立刻打预防针。
请猫奴们将猫咪带回家一到两周，确定猫咪身体健
康后，再施打预防针较为妥当。

同场加映
为什么要打预防针？

　　预防针的施打是为了预防猫咪传染性疾病的发生，通过打预防针诱发猫咪身体产生抗体。所以对幼猫来说，建议从两个月大就开始打预防针，并在一个月后再次接种第二次疫苗，确保幼猫体内能够产生足够的抗体。

　　由于注射预防针会导致猫咪身体抵抗力下降，所以打针前一定要先确认猫咪身体健康，并在施打的一周内让猫咪好好休息，尽量不要给猫咪洗澡或带它出门，以避免出现紧迫的状况，降低猫咪生病的概率。更多有关预防针的说明，详见Q26。

　　对多猫家庭来说，绝对要严禁猫咪之间的互相传染！猫奴带任何新猫回家之前，除了到动物医院进行完整与详细的健康检查之外，还一定要确保家中有足够空间进行隔离。猫咪之间容易造成互相传染的如霉菌、跳蚤、耳疥虫、上呼吸道感染、梨形虫、球虫、线虫等，都需要将病猫与其他猫咪隔离至少一个月来治疗，并且其他猫咪也都需要接受治疗和观察，以绝后患。更多隔离方式详见Q34。

第二章
猫奴该知道的猫知识
——食物篇

听过"猫爱喝牛奶，狗爱啃骨头，兔子最喜欢胡萝卜"的说法吗？事实上，这种说法并不完全正确。

事实上，对于多数的成猫而言，喝牛奶会导致拉肚子。所以，千万别以为人类能吃的东西，猫咪一定能吃！猫咪不能吃的人类食物太多了，本章虽列了一张有毒食物表，但还是要提醒众猫奴，不确定猫咪能吃的食物都先归于"不能吃"范畴更为妥当，另外，猫咪的营养需求问题详见Q11。

　　另外，猫奴们务必要鼓励猫咪喝水，因为猫咪们往往不主动喝水，但不喝水对它们健康的伤害真的太大了……

Q11：猫咪可以吃人类的食物吗？

小兽医　猫咪需要的营养和人类、犬类的都不同，猫咪所需营养的前三项分别是水（50%～60%）、蛋白质（30%～35%）与脂肪（20%），另外还有少量的维生素、糖类、矿物质等。所以如何让猫咪喝水，是猫奴的重要课题。（喝水的问题请见Q13。）

猫咪是猫科动物，与大猫们如：狮子、老虎，同属肉食动物，没有年纪大需要少吃肉的困扰，而且肉类能够带给猫咪大量的蛋白质及它们自体无法产生的牛磺酸。反过来说，猫咪对碳水化合物，如淀粉、糖类、五谷杂粮等的需求很低。

所以，猫咪终其一生对蛋白质的需求都很高，而动物性蛋白质比起植物性蛋白质更适合猫咪。

至于猫咪是否可以食用人类的食物，看你说的是哪种食物，如果是肉类，我认为可以，但用人类的食物就要注意猫咪的营养均衡，并且要清淡，不能有调味品。

阿妮在吃饭

如果人类的食物没法保证猫咪营养均衡，对现代人来说，还有很多更便利的方式，如市面出售的饲料、罐头、肉饼鲜食等都可以使用。

至于人类吃剩的食物，最好不要再拿来喂猫咪，原因和前面讲的相同，主要是由于人类调味品过多，恐造成猫咪的代谢出现问题。毕竟人类的很多食物对猫是不健康的……（笑）

在猫咪所需的营养成分中，蛋白质的含量与质量都很重要。即便到了中老年，它对蛋白质的需求仍然很高。如果担心猫咪老年肾脏出现问题，慎选氨基酸（组成蛋白质的成分）来源就变得非常重要。

同场加映
对猫咪有害的人类食物

猫咪跟狗不一样，狗的饮食习惯随着与人类同居生活的密切而越来越倾向杂食，但猫咪仍然在肉食动物的那一端。很多人类以为美味的食物对猫咪来说与毒药无异，正所谓"甲之蜜糖，乙之砒霜"！

猫咪不能吃的东西实在太多了，没有列出的食物不表示可以食用，只是"族繁不及备载"。

食物	会造成的后果	最严重的后果
牛奶	下痢	肾脏衰竭
含咖啡因类饮料（如咖啡、茶）以及酒精类饮料	下痢呕吐	昏迷
青葱、洋葱、大蒜、韭菜类（人类食品可能含有此类添加物，需留意）	贫血、下痢、血尿	死亡
鸡骨与鱼骨	骨头尖锐处恐导致卡住喉咙或食道穿孔	死亡
含可可碱的食物（如巧克力）	急性中毒、恶心、腹泻、呕吐、心律不齐、抽搐、痉挛	死亡
鸡肝等动物类肝脏	长期食用会引发步行障碍、骨头异常	
生食乌贼、章鱼、虾子、螃蟹、贝类	阻碍维生素B_1吸收，造成瘫痪或后腿麻痹	
葡萄（葡萄皮、葡萄干）、牛油果、樱桃、杨桃、草莓、柿子、柑橘类水果以及其他水果种子等	葡萄（特别是葡萄皮）、杨桃会导致肾功能衰竭，樱桃会导致昏迷，牛油果中含有猫咪无法吸收的油质等，柑橘类水果会导致腹泻，多数水果种子因含有氰化物恐导致猫咪腹泻（总归一句，水果因维生素过多，反而易造成猫咪无法吸收）	死亡
小鱼干、海苔、柴鱼	因含有大量矿物质，容易引起尿道结石	

Q12：化毛膏、猫草、 洁牙饼干是必要的吗?

小兽医 化毛膏是必要的。由于猫咪是勤于舔舐自己毛发的 动物，而化毛膏能够帮助它们软化舔入的毛发并且 适当排出（而不是吐出来）。但化毛膏并没有办法 将毛发消灭，事实上，化毛膏的用途就是将毛发软 化而易于排便排出。

正常状态的猫咪，一周喂食化毛膏一次就够了。如 果成年猫咪因为毛球引起呕吐的话，喂食化毛膏的 量可以多一点，一周两到三次。至于幼猫，可在 6 个月大时再开始给予化毛膏。

猫草与洁牙饼干，我觉得适量给予就好，毕竟这些 不是猫咪的生存必需品。猫草可以在与猫咪互动过 程中作为奖励。洁牙饼干可以在剪指甲或者洗澡、 玩耍后当零嘴点心奖励。

化毛膏

喂猫咪吃化毛膏

在这里要特别提一下牛磺酸，对猫咪来说这是不可或缺的氨基酸。牛磺酸无法在猫咪体内自行合成，而其对于它们的心脏与代谢来说都非常重要。

其他的保健食品，则与猫咪的体质差异有关。建议先与医生讨论，看自家猫咪有无某种类型的需求，再做适当的选择。

猫奴只要给猫咪选择适当的饮食类型和优质的食物来源，基本都可以取代保健食品，尤其现在很多猫食都添加了各类的矿物质和维生素，因此，是否需要额外补充，真的要根据个别猫咪的需求。值得注意的是，保健食品是辅助品，不能也不适合取代食物，既然是补充，就是猫咪哪方面有缺乏，或是身体哪里需要加强，才需要保健嘛！

Q13：如何让猫咪喜欢喝水？

小兽医　学习如何增加猫咪的喝水量是猫奴很重要的功课，因为主食是肉类的猫咪，必须要靠喝水来代谢体内的废物，而水喝得不够往往造成猫咪泌尿系统的问题（尤其是公猫）。

猫咪喜欢流动的水，所以你可能会发现家里的猫咪，有时候跑去喝马桶里或者水槽里的水，就是因为它们感觉那些水是流动的。

猫咪对流动的水很有兴趣

喵～我都是命令猫奴开水龙头给我喝水！

设计一个流动的饮水装置，让猫咪喜欢上喝水是很重要的。另外，多放几个水盆，或是罐头里加些水也可以增加猫咪的喝水量。但我不建议将干饲料泡水，因为从人类的角度来看这就好像薯片加水一样……

总之，作为一个尽责的猫奴，请注意猫咪的喝水习惯。记得水盆需要天天清洗，天天换水。最好是放烧过的开水，天气冷则适当加入一些温水。

用水碗盛水给猫咪喝

第三章
猫奴该知道的猫知识
——环境篇

"金窝银窝，不如自己的狗（猫）窝。"

与其花大钱买许多昂贵的猫用品给猫咪，猫奴们倒不如营造一个隐秘的，不容易被人打扰的，专属于猫咪的空间给它。

猫咪对"住"的需求是怎样的呢？猫咪要多大的生活空间？猫咪可以养在户外吗？需要遛猫吗？

此外，必要的笼饲也很重要！许多猫奴在一开始养猫时就放任猫咪在家中自由探险，但某些时候，出于对猫咪健康或安全性的考量，猫奴们必须狠下心来适当限制猫咪的活动空间，而暂时的笼饲或隔离正是有助于猫咪保持或恢复健康的好方法。

Q14：如何为新领养的
猫咪布置环境?

小兽医　通常猫咪到了一个陌生的新环境容易紧张，对外在环境有戒心，容易焦虑。我认为还是要给猫咪一个单独的空间，使它可以放心地隐藏自己。用猫笼、猫窝、猫跳台的形式都可以，让猫咪有个专属空间，增加它的安全感和归属感。

一个属于自己的空间是安全感和归属感的来源。

你知道猫在生病的时候往往会躲起来吗？它们生病时往往会窝在猫砂盆，或者躲在它的窝里面，就像人们生病时会躺在床上一样。因此，对于新领养的猫咪，让它建立安全感的最好方式就是给它一个独处的空间——不容易被人打扰的，不会有太多声、光的安静角落，不要太潮湿，能够晒到点太阳更好。也可多和兽医师讨论。

　　所谓的笼饲，就是以大型的猫笼（非外出笼）作为猫咪生活的空间，让猫咪可以有自己的独立空间进行小规模活动，也有休憩的角落，更有猫砂盆等一切猫咪需要的生活设施。

　　笼饲的目的，一是为了医疗上的隔离观察，二是为了安全感的建立。所以笼饲仅是短期的措施，而非长久之计哦！

笼饲

不管是否为多猫家庭，小兽医都认为对于捡回的流浪猫最初以笼饲为佳。对猫奴来说，用笼子作为固定空间，较易观察猫咪的饮食、便溺等行为是否正常，也更便于进行服药后的后续观察。而对多猫家庭来说，更是只有笼饲隔离法才能真正避免与杜绝传染病的传播，并给生病猫咪提供独立且不受干扰的休养空间。

　　另一方面，刚进入室内的流浪猫通常容易恐惧、紧张，所以刚开始限制猫咪的活动空间其实有助于增加它对你的熟悉。反之，如果猫奴将流浪猫单独置于一个房间，你找不到它，它也不让你找到，又怎么与猫咪培养感情呢？

Q15：猫咪一直关在室内好可怜，
我可以养在户外吗?

小兽医　　站在医疗的角度，养在户外的猫咪必须要进行更多
　　　　　的医疗照护。首先必须定时进行猫咪体内驱虫与除
　　　　　蚤。其次，每年要定期施打预防针，以降低被传染
　　　　　的风险。再次，户外的环境比较脏乱，所以必须更
　　　　　频繁地给猫咪洗澡、清理耳朵。

猫　奴　　养在户外的猫会不会容易遇到艾滋猫?

小兽医　　这种问题都是假设性的。我认为养在户外的变量很
　　　　　多。和室内猫相比，很多因素都是你无法掌控的，
　　　　　例如在都市中，猫咪容易遇到车祸，或与其他猫咪
　　　　　打架，或被野狗追咬。所谓的意外，都是很难提防
　　　　　的状况。所以，如果可能，尽量不要让猫咪暴露在
　　　　　户外。当猫咪被养在开放的店面、市场时，其发生
　　　　　意外的概率较养在室内高得多，所以我还是建议猫
　　　　　咪不要养在户外。

猫　　奴　　以小兽医的经验，户外猫常被带去医院的主要原因
　　　　　　是什么？

小兽医　　最普遍的原因是寄生虫，另外就是猫咪在外容易乱
　　　　　　吃东西，因此也有肠胃问题。所以既然你想要好好
　　　　　　养猫，照顾它，就不要养在户外（一再强调）！只
　　　　　　有在可控范围之内，我们才有办法照顾猫咪啊！如
　　　　　　果要把猫咪放出去，那其实也算不上饲养，充其量
　　　　　　是救助，就像你救助流浪猫一样，因为台湾的环境
　　　　　　并不太适合猫咪在外面晃。

Q16：带猫咪出门
需要留意哪些事项？

小兽医　带猫咪出门，建议一定要把它放在提笼内，且以硬的提笼为佳，这样猫咪比较好站立，不会晃来晃去。否则，猫咪可能会因为过于紧张，一跳就不见了。

老实说，很难再寻觅到走失的猫咪。根据我的经验，即便植入芯片，猫咪跑掉后还能够顺利找回的概率也是极低的。所以不管猫奴带猫咪去医院，还是去宠物店或朋友家，都要确保猫笼的坚固。如果你的猫咪属于容易紧张焦虑、社交性不太足的，最好再加上项圈与牵绳，以确保猫咪不至于因紧张而暴冲走失。

猫　奴　我觉得猫咪跑掉似乎比狗出逃的机会更多，或许是因为它们更容易紧张，似乎情绪更无法控制？

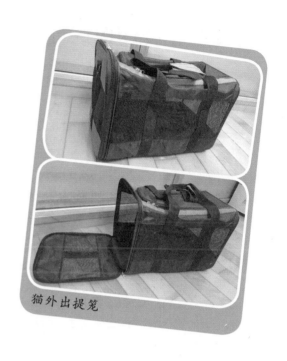

猫外出提笼

小兽医　　是啊！所以带猫咪出门一定要有提笼，在医院我们
　　　　　常遇到饲主直接抱着猫咪走进来，没有放在猫笼
　　　　　里，猫身上也没有牵绳——我都替他们捏一把汗……
　　　　　（千万不要相信你家的猫咪在外面会跟在家里一
　　　　　样……）

Q17：我可以像遛狗一样遛猫吗？

小兽医　　其实我不太建议这样做。因为猫咪与狗不同，狗与饲主之间有主仆阶级的概念，但一般来说猫咪不会有，所以对待猫咪不能像控制狗一样。各位发现了吗？猫咪的运动模式，大部分都是跳跃式的！遛狗，让狗来个小跑步，对狗与饲主来说或许是种轻松的运动，但猫咪不见得喜欢。猫奴可能必须强迫猫咪一步一步走——我曾经看过猫主人拖着不情愿的猫咪往前走……

总之，如果是用牵绳遛猫，带着猫走路散步或者小跑步之类的，我觉得都是挺蠢的行为，所以不建议啦！

另外，猫咪是自主性比较强的动物，并不适合用牵绳控制。即便是在训练猫咪服从或做简单的行为调整时，也很少使用牵绳的方式进行训练（牵绳隐含着控制与服从的阶级意义，是训练狗的技巧之一）。

带猫咪出门用外出提笼比牵绳更安全

不过，关于猫咪散步的问题，也是有兽医师持支持观点的，故请大家自己斟酌！

第四章
猫奴该知道的猫知识
——猫奴工作篇

本章非常实用，因为所有问题都是源于一名想偷懒的猫奴想要减少工作量的初衷……然而，对尽责的小兽医而言——该做的工作都要做啦！

阅读完本章，为了你的猫主子，猫奴一定要把工作做好做够哦！

Q18：一定要每天
清理猫砂盆吗？

小兽医　你知道吗？只要天天将猫砂盆清理干净，就可以解决大部分猫咪随意大小便的问题！

上厕所看似事小，却常常造成猫咪心理上的紧迫（"紧迫"是兽医师的专用术语，是指猫咪感到压力与紧张）而出现自发性的膀胱炎。通俗一点说，猫咪可能因为嫌弃厕所不干净、厕所太公开（没有隐私）等因素而憋尿，结果就憋出病来了。所以猫奴们，如果你家的猫咪因为猫砂盆不干净，不想进去而憋尿，最终导致膀胱炎，岂不是因小失大？

所以，猫奴们一定不可以偷懒——一个举手之劳就可以省掉去医院的花费：请你每天都将排泄物清理干净，维持猫砂盆卫生。一天铲一次不够，那就多铲几次。多猫家庭，每天多次清理是基本要求哦！

猫砂盆

建议每周都要清除所有旧猫砂，并将猫砂盆清洗后，再更换新猫砂。

此外，在Q2提过，猫砂盆数量是N+1个，要记得哦！

对，差点忘了说，在猫砂盆位置的选择上，最好选在安静隐蔽的角落，也不要把猫砂盆和水盆、食盆放在一起，谁喜欢在厕所旁边吃饭喝水啊？

同场加映
紧迫与自发性膀胱炎

小兽医	当猫咪出现紧迫的状况时，整只猫的外表都会呈现出警觉的状态，你会看到猫咪毛发竖立，瞳孔放大，并开始分泌肾上腺素。
猫　奴	那猫咪紧迫会怎么样？
小兽医	出现轻微的紧迫时，可以看出猫咪没有像平时那么放松，而且行为动作会有所改变。至于严重的紧迫……曾经有位饲主带猫咪来看诊，饲主刚把猫咪从笼中带出来，猫咪就紧张到休克了！
猫　奴	好吓人哦！
小兽医	有些猫咪来医院时的情形是你们无法想象的，常常一从笼中放出来就跳啊、抓啊，简直是在用生命和你搏斗。虽然这个案例听起来很极端，却是实际发生的事件。因此我要提醒各位，猫咪不是放在那里养就好，它不是观赏用的植物，当它紧迫到一定的

	程度时，是会休克甚至死亡的。长期处于紧迫状况下是不健康的，猫咪免疫力会降低，容易生病。
猫　奴	就跟人的精神压力很像啊……
小兽医	对，就如同我们人体处于肾上腺素持续分泌的情况下时，抵抗力会变差一样。猫咪自发性膀胱炎发生的主因就是来自猫咪的紧迫，此时猫咪会出现排尿不顺（焦虑地在猫砂盆里不断拨沙、频繁进出厕所、焦虑地号叫）的状况，但是当我们采验尿液，做病理检查的时候，尿液并不会出现发炎反应。
猫　奴	所以自发性膀胱炎，就是猫咪对尿尿很焦虑，但是它的尿液本身并没有发炎的反应？
小兽医	对。
猫　奴	并不是因为猫咪感染了什么，而是它自身内分泌出了问题，例如憋尿？

小兽医　　对，憋尿就是一种紧迫，不然为什么猫咪不想上厕
　　　　　　所？就是源于紧迫。通常兽医师对于自发性膀胱炎
　　　　　　的用药不是给消炎药，而是给抗抑郁或镇静剂之类
　　　　　　的药物，以及止痛药物。

──

猫　　奴　　那不就是心理焦虑所引发的生理疾病？

──

小兽医　　对啊，与狗相比，猫咪是更容易紧张焦虑的动物……
　　　　　　不然我为什么要写这本书呢？就是要提醒大家，要
　　　　　　细心一点照顾猫咪啊！

阿妮小剧场"兽医观察学"
～小兽医紧迫现象～

喵～小兽医先生太坏了，一直在说我们很容易紧迫喵！

但根据我作为一个"兽医观察学系"的学喵的观察，证据显示，小兽医先生也会紧迫喵！而且主要有三种情况：

1. 我同族的住院后，他家的猫奴一直去看它，一直去看它，一直去看它……

喵～小兽医就要一直解释，一直解释，一直解释，没时间上厕所，就紧迫了……

2. 猫族或狗族的朋友根据诊断已经到了需要住院的地步，但它的饲主舍不得它住院，因为担心会受苦而不治疗……

喵～小兽医对于能医治却不医的状况，常常有无语问苍天的紧迫感啊……

3. 来看病的猫奴对猫主子的状况很不了解，讲了一大堆却对重点一问三不知……

小兽医通常会忍下来，但重复情形越来越多，他处于长期的压力下，很紧迫……

同场加映
猫奴说猫砂

　　猫砂是市场上的热门商品，光种类就有水晶砂、豆腐砂、木屑砂（松木砂）、纸砂、矿砂等，以下跟大家分享猫奴的私房经验（并非专业研究）：

	水晶砂	豆腐砂	木屑砂	矿砂	纸砂
是否凝固	×	○	崩解款／凝结款	○	○
粉尘	我觉得有	我觉得有，只是少	有木屑粉尘	我觉得很多	我觉得少
除臭效果	好	我觉得有一点（可能是豆腐味）	我觉得有一点（可能是木屑味）	好	差
价格				最便宜	
重量				最重	轻到你觉得自己是大力士
清理难度	容易刮坏猫砂盆	粗鲁的猫还是会把颗粒带出	需要用双层猫砂盆	颗粒太小容易被猫爪子带出	粉尘
环保		可倒入马桶*	可倒入马桶		

其他特色	颗粒不固定	有种特殊味道		颗粒太小	
猫奴评价	容易刮坏猫砂盆	有某种味道	味道强烈	很便宜但粉尘太大	猫咪跟我都不太习惯
猫咪喜好程度			你得请自己的猫咪试试看才知道，有些猫咪可是会挑猫砂的！		

备注

*据说可倒入马桶，只是我对台湾的马桶和管道没太大信心，我还是很怕马桶堵塞……

Q19： 一定要陪猫咪玩吗?

小兽医　对我们人类来说是陪玩，但对猫咪来说则是互动。在互动过程中，猫奴可以观察猫咪，了解猫咪的个性，并培养彼此的感情。用逗猫棒逗猫咪，让你和猫咪之间的联结更加紧密，猫咪以后也会主动接近你——因为你好玩嘛!

猫咪每天有1/2到2/3的时间都在睡觉，可以说，猫咪其实一生有一半的时间都在睡觉。所以，对于现在室内饲养的猫咪来说，运动的时间更是少之又少，再加上现在饮食普遍过剩，因此适度地玩耍可以增加猫咪的活力，增加它的体能消耗，减轻猫咪们日渐严重的肥胖问题。（猫咪的肥胖问题，详见Q54。）

逗猫棒

Q20： 一定要帮猫咪梳毛吗？

小兽医　　猫咪一年有两次换毛期，分别是春夏交替之际与秋冬交替之际。

我的建议是，长毛猫要梳毛，短毛猫或许可以不用。

要特别留意长毛猫毛发打结的问题，而且要常常梳毛，毛发里才不容易藏污纳垢，避免皮肤病发生。

梳毛有助于促进毛发的血液循环，而和皮肤间的摩擦，又可促进皮肤的健康。

猫梳

至于猫咪是否一定要梳毛呢？因为猫咪自己会理毛，所以（对没空的人来说）大部分是不用梳毛的。

但倘若你对猫毛过敏，那么常常为猫咪梳掉废毛，可降低猫毛在空气中飘散的概率。

小兽医　　如果是室内猫，也就是养在家里的猫咪，我的建议是1～2个月洗一次。

猫　奴　　那可以不洗吗？小兽医你不是说猫咪自己会舔毛清理吗？

小兽医　　还是建议要洗。虽然猫咪自己会清理毛发，它们也很爱干净，且少有浓郁体味，所以确实不需要像狗一样频繁洗澡，但我还是建议要洗澡。不过，这没有标准答案，我建议要洗澡的理由是：通过洗澡，可以检查猫咪的皮肤、耳朵是否有问题，例如耳朵是否发炎、是否有耳垢、皮肤是否有霉菌等。

很多猫奴会将猫咪送洗、给猫咪剃毛，会产生另外的附加价值——"送洗"这个过程是猫咪社会化的好时机。通过带猫咪去洗澡，让它们换一个环境，而非一直待在同一环境中，这样可以增强猫咪的适应力。当然，如果猫咪洗澡时容易紧张、激动，那就不建议送洗了，真的没有标准答案。

Q22：一定要给猫咪剪指甲吗?
如何给猫咪剪指甲?

小兽医　这个问题真的很棒……我认为一定要！猫科动物的指甲有尖锐的倒钩，那是它们打猎的武器，但是在现代社会，猫咪与人类一起生活，过长的指甲在互动过程中会划伤人类、破坏家具。而对于兽医师来说，任何一只猫咪到医院看诊，我们的第一个动作首先是给它剪指甲……

猫　奴　听起来小兽医也是"利爪"受害者。

小兽医　大部分猫咪都不喜欢被摸脚，更别提剪指甲了，如果能在幼猫时期就让猫咪习惯摸脚与剪指甲，当然是上上之策。如果你的猫咪就是不爱剪指甲，甚至大力挣扎抗拒，那就别太勉强它了，再找其他良机吧。

猫　奴　对啊，我家的猫咪也很讨厌剪指甲，所以我都会在剪指甲前先好好地摸摸猫咪，让它们有呼噜的好心情才开始剪；在剪完指甲后，我也会不争气地立刻送上小点心……通过这样的方式，我可以明显感受到它们抗拒的程度越来越低了，看来糖衣炮弹的方式还真有效啊！

小兽医　　另外还要注意，后脚指甲通常较前脚指甲短，剪的时候一定要睁大双眼看清楚指甲里面血管的位置，不要剪太多，否则猫咪会流血哦！

猫　　奴　　那如果剪破流血怎么办啊？

小兽医　　在流血的地方擦一些止血粉，等血凝固就好。（猫奴自己给猫咪剪指甲，也要备妥止血粉。）

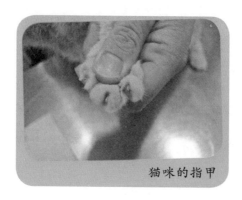

猫咪的指甲

Q23： 一定要给猫咪清理耳朵吗? 真的不可以用棉签吗?

小兽医　嗯……就像人类需要洗脸一样，耳朵清理也是猫咪身体清洁的一部分，清理的过程还可以顺便检查猫咪是否有异状。

正常的猫咪只有少量耳垢，也没什么味道，所以在给猫咪洗澡的时候，顺手清洁即可。但是，当猫咪耳朵受感染或发炎时，耳垢就会异常增生。这时就需要兽医师出场了！

我认为给猫咪清理耳朵就和洗澡一样，不用频繁进行。很少有猫咪喜欢清理耳朵这件事，能够乖乖地坐好让猫奴清理耳朵的猫咪更是罕见。

猫　　奴　那为什么带去宠物美容店就都没问题了?

小兽医　对啊，这就是很典型的"欺负主人"嘛！很多猫咪真的就是这样的。至于棉签……我不赞成使用棉签清洁，因为猫狗的耳道都是类似 L 型，这样容易把耳垢往更深处推挤。不过，如果只是外耳的清洁，当然用棉花或棉签都没问题——我说的是外耳壳。

所以一般的清理，我们建议使用清耳液。将清耳液倒入耳道，轻轻按摩猫咪耳朵根部，让清耳液充分溶解耳垢后，放开手让猫咪甩甩耳朵，再用干净的棉花或卫生纸将耳壳上的耳垢与清耳液擦干净即可。

猫　　奴　　可是很容易被喷到啊！

小兽医　　没关系，自己的猫嘛！（忽然表情严肃）但请注意，我们并不鼓励给猫咪耳道拔毛，以及用棉签或挖耳勺等东西挖耳垢的行为，尤其是猫咪耳朵发炎时，这样的动作会让猫咪更不舒服。

用洗耳液给猫咪清洗耳朵

同场加映
猫咪的体温测量，为什么不能量耳温？

　　猫咪的耳道和人类耳道构造不同，人类耳温和实际体温比较接近，但猫咪耳朵有个转折，所以测量耳温并不准确，还是测量肛温比较准确。一般猫咪的正常体温约在摄氏38～39度。

Q24：为什么有些猫咪的屁股有怪味呢？
如何给猫咪挤肛门腺？

小兽医　　臭味应该是指肛门腺分泌的味道吧！肛门腺在肛门斜下方四点钟和八点钟方向。当猫咪紧张的时候，肛门腺会分泌出一种难闻的味道——这是猫咪的防卫机制。

猫　　奴　　为什么有些会臭，有些不会呢？

小兽医　　不会臭的原因，可能是有些猫咪在上厕所的时候已经把分泌物随着排泄物喷出来了。也可能是饲养在室内的猫咪，因为生活安逸，少紧张，而较少分泌这种味道。

　　　　　至于清洁方式，我建议给猫咪洗澡的时候顺便清理。清理的方式是食指和拇指以斜向45度角的方式按压肛门腺。

　　　　　挤肛门腺不是容易的事，猫咪比狗更容易紧张、挣扎，因此在进行之前要做好准备，可请一或两位小帮手协助，避免被猫咪抓伤或咬伤。

猫咪肛门处

猫　奴　　猫咪会因为肛门腺的臭味彼此攻击对方吗？

小兽医　　不会。

猫　奴　　一定要挤肛门腺吗？如果猫咪的肛门腺不臭、没有
　　　　　发炎，是否就不用挤？

小兽医　　我还是认为利用猫咪洗澡的时候顺便挤一下比较好，
　　　　　肛门腺过度肿胀或液体堆积，都容易造成肛门腺发
　　　　　炎！

Q25：猫咪嘴巴很臭，需要刷牙吗?

小兽医　　根据统计，3岁以上的猫咪中85%有牙周病，而牙周病会造成猫咪牙齿附近红肿发炎，这也是猫咪早期掉牙的主要原因。若没有妥善处理，老猫的口腔疾病，容易因为细菌而影响心、肾、肺等器官。因此，猫咪和人类一样，都需要保持口腔健康——猫奴们必须勤为猫咪刷牙!

若你的猫咪能够接受刷牙（此处指的是不挣扎得太厉害），猫奴可以用市售的牙刷和纱布做简单的牙齿清理。这些刷牙、洁牙的动作，目的是为了减少牙菌斑形成，减少齿垢产生，避免猫咪产生牙周病。当然，我们都知道，能够乖乖让你给它刷牙的猫咪很少见，所以另一个选择就是通过洁牙产品的辅助来减缓牙菌斑、牙结石的产生。不过，洁牙产品往往无法照顾到猫咪牙齿的内侧与深层部分，所以定期上动物医院洗牙仍然是固定的保健程序，不能省略。

猫　　奴　　就跟人定期洗牙一样？

小兽医　　对。

猫　　奴　　老猫牙齿一定会掉光吗？还是洗牙就可以保住它的
　　　　　　牙齿？

小兽医　　如果猫咪有定期的口腔保健与护理，牙齿就可以用
　　　　　　很久。如果猫咪有口腔疾病或牙齿疾病，那么牙齿
　　　　　　就容易脱落。

猫咪的牙齿

第五章
猫奴该知道的猫知识
　　　　　——医疗保健篇

本章会谈到多数猫奴们有疑虑的三大医疗主题：预防针、健康检查与绝育，并从兽医师的角度来说明为什么、做什么，以及如何做。

　　以上三大医疗主题都是为了预防猫咪生病。预防针可降低猫咪感染传染病的风险，健康检查可在早期发现猫咪生病，绝育则能防止猫咪患上性腺引发的相关疾病。

Q26: 一定要打预防针吗?
何时该打预防针呢?

小兽医 　原则上，所有的猫咪每年都应定期施打预防针。或许猫奴曾经听过有疫苗注射性的肿瘤（施打预防针所导致的肿瘤），因而对施打预防针产生疑虑。如果猫奴有这样的担忧，而且你的猫咪并不出门，也不会和外面的猫咪接触，那么两到三年打一次也是可以的。

如果你是多猫家庭，猫咪是群居，或是你的猫咪时常会带到宠物店洗澡，偶尔也会带它们出门社交，那我还是建议最好每年都打预防针。

虽然肿瘤很可怕，但注射预防针的目的是为了预防传染性疾病的发生，倘若因害怕肿瘤而不施打，虽避开了发生概率为万分之一的肿瘤，却提高了猫咪感染传染病的概率（概率约50%），这点值得猫奴仔细权衡。

关于施打预防针的时间，如果是幼猫，因为免疫系统还不完善，所以必须多次施打，多次诱发它的抗体；至于成猫，一年一次就够了。

预防针的种类，一般来说有三合一、五合一及狂犬疫苗，至于要施打何种预防针，何时适合打预防针等问题，为求审慎，仍建议与兽医师进行详细讨论并评估。

同场加映
疫苗相关肿瘤（VAS, Vaccine Associated Sarcoma）

　　虽然已有国外的论文和研究报告论及此类病症，但目前对于诱发肿瘤的确切原因仍不明确，民间认为可能和以下因素有关：疫苗本身、注射的部位和方式、猫咪自身的体质等。注射后诱发肿瘤的时间可能从 2 个月到 11 年不等，临床上统计发生的概率约为 $1/10000 \sim 1/30000$；而发生的种类上，波斯猫似乎略微偏高。

　　这类肉瘤（大部分是纤维肉瘤 Fibrosarcoma）几乎都是恶性的，且可能大范围波及身体各部位，造成难以切除干净的后果，因此复发率很高。如果遇到反复发作或转移的情况，手术后复原的情形多半不佳。

　　临床上如果能在早期发现，尽早切除是较好的方式。因此猫奴对于这类病症需要充分了解，同时经常留意猫咪身体的变化。

为了提高猫奴对于 VAS 的警觉性，此处提供"3-2-1 法则"（对疫苗注射部位的观察），下列三点只要符合一点，请尽快就医：

　　1　注射后 3 个月，仍然能观察到肿块存在。

　　2　肿块的立体直径在 2 厘米以上。

　　3　注射后 1 个月，肿块仍持续变大。

　　虽然这类肿瘤恶性程度很高，但是只要及早发现并做大范围的外科切除，仍可以收到良好的效果。另外，只要是被认定有 VAS 的猫咪，未来都不建议再接种任何疫苗！

同场加映

老猫也要每年打预防针吗？

猫　　奴　　年纪太大的猫咪还是要每年打疫苗吗？不会危险吗？

小兽医　　打预防针的目的是为了让猫咪的身体拥有疾病抗体，所以打预防针和年纪没有太大关系。至于是否要每年打预防针，可以考量猫咪的外出情况，只要猫咪会带出门、会和其他猫咪接触，那么通过每年打预防针来避免传染性疾病的发生就是必要的。

Q27：一定要作健康检查吗？为什么？

小兽医 　如同人类一样，猫咪年轻的时候不太容易生病，而随着高龄化时代的来临、医疗的进步，猫咪的寿命也越来越长，十几岁的猫咪比比皆是。

高龄猫咪所面临的风险是慢性病的产生。健康检查的目的就是及早发现疾病，及早预防胜于事后治疗。

我的看法是，由于目前宠物保险还不普遍，所以对猫奴与兽医师来说，进行健康检查的必要性就类似给猫咪买了一年一次的保单，通过一年一次的检查，除了能够追踪猫咪的身体状况外，更是及早发现疾病的机会。任何疾病唯有早一步发现，才能让兽医与猫奴们都不至于抱憾。

宠物健康检查报告

同场加映
猫咪所需要的医疗项目

猫咪各年龄所需要进行的医疗项目（家猫）				流浪猫
年龄（出生后）	预防针	医疗项目	其他	
1个月		理学检查和粪便检查	长乳牙、学用猫砂	（第一次来动物医院）理学检查和粪便检查、皮毛检查、传染病筛检、外寄生虫检查、小病毒肠炎筛检及抽血检查（如果预算可负担）
1.5个月		理学检查和粪便检查	除蚤滴剂	
2个月	施打第一剂疫苗（猫三合一疫苗或猫五合一疫苗）	艾滋病快筛、猫白血病快筛、体内外驱虫	一般除蚤滴剂开始使用、预防心丝虫	
3个月	施打第二剂疫苗（猫三合一疫苗）、狂犬病疫苗	体内外驱虫		与一般猫咪相同
5～6个月	前两剂疫苗施打后，从最后施打时间的隔年开始，每年施打疫苗	最佳绝育手术时间		

6个月～2岁（年轻猫）	建议每年施打	每年1次理学检查和基础血检	定期体内外驱虫	与一般猫咪相同
2～6岁（壮年猫）	建议每年施打	每年1次理学检查和基础血检每年进行口腔检查和评估洗牙（每2.5年洗牙1次）	定期体内外驱虫	与一般猫咪相同
7～9岁（熟龄猫）	建议每年施打	每年1次完整血检与内分泌检查	进行尿液、X光、超声波等检查	
10岁以上（老年猫）		建议每半年做1次健康检查（如果有特别状况，如心脏、肾脏等问题需定期回诊）	老猫易引发肾脏、心脏、内分泌疾病和肿瘤	与一般猫咪相同

Q28：一定要结扎（绝育）吗?

小兽医 把猫咪的输精管或输卵管扎起来叫做结扎，而目前兽医界的做法是把公猫的睾丸以及母猫的子宫卵巢拿掉，所以称为"绝育"更适合。

很多人可能觉得把猫咪性器官拿掉很残忍，很不人道。但站在医学的角度，除了人类之外，性器官的主要甚至唯一用途就是繁衍后代。临床研究更发现，绝育能延长猫狗的寿命，更能防止性腺引发的相关疾病，如母猫的子宫蓄脓、子宫或卵巢囊肿、乳房肿瘤，以及公猫的前列腺等相关疾病。除此之外，还能减少猫咪性刺激的冲动并降低攻击行为。

绝育可能的风险是手术麻醉的风险以及猫咪发胖的副作用。但权衡轻重后，一般兽医师还是建议绝育。

除此之外，当处于发情状态时，原本安静乖巧的猫咪却开始出现喷尿、做记号、容易焦虑、哀叫整晚等行为，这些问题其实也让猫奴很困扰。

猫　　奴　　对，这不是平时的猫咪……

小兽医　　所以从这个角度考量，猫咪在发情的时候反倒是更辛苦的，绝育手术有助于猫咪性情的稳定。

绝育手术的时间点，建议大概在猫咪6个月左右，公猫母猫都可进行。目前绝育手术已经是一种相当安全的常规手术。手术需要麻醉，猫咪在麻醉前8小时应禁止饮食，以便胃部排空。不论公猫母猫，在手术后两周内都不能让伤口碰水。

手术后的最初两三天，猫咪可能食欲变差，猫奴可斟酌给些营养剂，并尽量给猫咪提供安静的场所让它好好休息。

猫　奴　可是绝育后，有些母猫还是会翘屁股，有些公猫还是有攻击性呐！

小兽医　母猫翘屁股是因为撒娇，不见得是发情哦！至于公猫的攻击性……我们做绝育手术只是把它的性腺拿掉，虽然冲动与攻击性一定会减少，但是如果这只猫咪本身性格容易紧张害怕，攻击性仍然会持续存在——不同猫咪有不同的个性嘛！

补充一下，猫咪不用等到发情的时候再绝育，可以的话尽早做比较好——何苦等到猫咪年纪大了，再让它来承受麻醉与手术过程的痛苦呢？

猫　奴　那猫咪发情的时候还可以做绝育手术吗？有人说发情时做绝育会影响猫咪的个性？

小兽医　公猫不会发情，所以随时都可以做绝育手术。母猫在发情的时候，性器官会有充血的状态，但原则上不会影响手术的进行，所以答案是"可以"。

至于是否会影响猫咪的个性……我猜你要问的应该是猫咪是否会"性情大变"吧？我想是不会的。不过可能会有两种状况发生：一是手术后引起伤口疼痛，所以猫咪会表现出精神不振或是自闭；另一种情况是，由于绝育手术等于永久阻断了荷尔蒙的分泌，而原本在体内的荷尔蒙依然存在，所以你可能觉得公猫怎么还是好斗，母猫怎么还是撒娇滚个不停，其实这种情形只是短期现象，等荷尔蒙代谢掉就没事了。

此外，绝育后的公猫，半数的行为问题都会缓解。

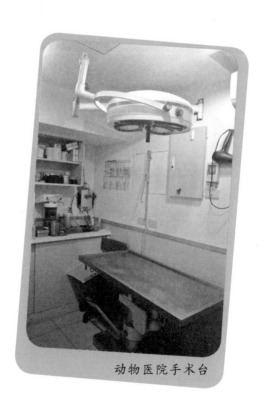

动物医院手术台

第六章
猫奴该知道的猫知识
　　　　　　——其他篇

因为猫奴问了一些有趣但难归类的问题，所以统一整理在本章讲解。

首先是关于猫奴与猫咪亲密互动的问题，接下来会谈谈带猫咪串门这件事。小兽医认为，若猫咪不会强烈排斥或抵抗，适当地串门有助于增强猫咪的社会性，降低猫咪的恐惧感或焦虑感。

最后，本章讨论了艾滋猫以及如何照顾它们，因此请别再误会它们会传染给人类了哦！

Q29：猫奴与猫咪间 亲亲咬咬抱抱好吗？

小兽医　　猫咪跟狗不同，不太会主动亲吻主人。

猫　奴　　但会咬主人？

小兽医　　站在卫生的角度，我认为猫奴跟猫咪亲亲咬咬不太
（依然严肃）　好。但站在疾病的角度，猫奴是否会因这种亲密接
　　　　　触而得传染病，答案是不会。所以如果你觉得卫生
　　　　　不是很大的问题，那就没关系。

猫　奴　　那是指对人不卫生还是对猫咪不卫生？

小兽医　　对人不卫生啦！

正确的抱猫咪方式

猫　奴　　哦，那为何猫咪喜欢靠近人的头发或鼻子，闻来闻去？

小兽医　　应该是因为猫咪闻到了特殊的味道想要去靠近。如果猫咪跑来闻闻你的嘴，那是猫咪间打招呼的方式，类似"你吃饭了没"这样的互动方式。

125

Q30：带猫咪去串门（去朋友家）或是带到猫餐厅等地方好吗？

小兽医　　我个人的看法是"很好"。这能促进猫咪的社会化、社交能力、人猫关系，也能让猫咪接受一些外来的刺激（当然不要过于频繁），这会让猫咪以后来医院时不容易紧张。

喵~
人家不爱去医院啦~~

另一方面，假如猫咪天天都待在家里，三五年才出门来医院一趟，长期在它习惯的环境内养尊处优，那么，"串门"的方式就像是人类小朋友参加夏令营或上学一样，让它们能够短时间脱离长久居住的环境，学习独立。

但是，很重要的一点是，猫奴必须留意带猫咪出入的环境，并观察猫咪进入后的行为。曾经有一个案例，猫咪入住了猫旅馆，结果回来得了传染性腹膜炎（传染性腹膜炎是绝症）。当然，这仅是一个特别的案例，只是需要提醒一下，这就像带小朋友去一个地方，父母也要多加留意环境的安全一样啊。如果是家庭之间互相拜访，感染传染病的风险较低，只需要留意猫咪间打架的问题（如果对方的家庭也有猫咪）。如果是猫旅馆或猫餐厅等有多猫进出的场合，就要注意其对出入的猫咪是否有相关规定，例如病猫或未打预防针的猫咪不得入住等。但整体来说我还是赞成带猫咪外出社交的，因为适度的社交与外出可以增强其社会化的能力。

博爱动物医院的资深店猫小丸子（橘色）和新来的白金在玩耍

猫　奴　　那反过来问，我可以在家里招待客人吗？

小兽医　　当然啊，你看阿妮跟我家的小丸子就知道了（阿妮
　　　　　是奇异果文创店的猫，小丸子是博爱动物医院店的
　　　　　猫）。

喵喵喵喵喵
对啊对啊~~

猫　奴　　可是如果客人带他的猫来
　　　　　家里呢？我的经历都是不
　　　　　好的！

小兽医　　由于猫咪打架的概率比狗更高，因此猫奴必须更加
　　　　　小心。可能会有所谓的地盘问题，就像家里有一只
　　　　　阿妮，如果外来的猫咪来玩，有时候阿妮会很不开
　　　　　心……可是我觉得还是要看每只猫咪的个体状况差
　　　　　异！

我家常常有只小鹦鹉来，但猫奴都不让我跟它玩！

你想的玩法可能跟小鹦鹉想的不一样……我想小鹦鹉实在没办法配合哦！

小兽医　　如果猫咪有长期跟人或其他猫咪互动的经验，通常也更容易有交朋友的空间。但这真的也要看猫咪的个体差异，可能一开始会哈气，但之后变得如何，猫奴可以持续观察。只是请各位注意，带猫咪出门的频率不用像狗一样高，毕竟猫咪的生活环境还是以家为主，刺激过度反而造成猫咪紧迫就得不偿失了。

同场加映
猫奴小测验

如果猫奴要离家出走……哦不，是外出旅行或工作，下列哪种方式对猫咪最好？

1　住猫旅馆。

2　送到（有猫的）亲朋好友家寄住。

3　送到（无猫的）亲朋好友家寄住。

4　请亲朋好友或付费猫保姆定期来家里照顾。

小兽医　　4比较好。至少在猫咪的世界里，唯一改变的只有喂它吃饭的人。你很难预测主人短期不在的情况下，猫咪会有什么变化，是否会乱尿床、号叫，或者若无其事。毕竟每只猫咪对外面环境的接受程度不同（小兽医多次强调）。

如果亲朋好友来家中不方便，那住猫旅馆也是好的，当然仍要视每只猫咪的具体情况而定。

猫　　奴	狗好像住狗旅馆比较容易，不像猫咪这么难对付？
小兽医	有些社会化程度低的狗，也不是那么适合住狗旅馆。我还是强调，很难预料送一只狗或一只猫到陌生环境的情形，有可能它这一次很好，但下一次在同一地点碰到新的狗或猫或其他情况又会有不一样的状况发生。 我个人比较不认同开放式的宠物旅馆，因为站在医疗角度，可能有传染疾病的风险，还有一些意外状况，例如彼此之间打架伤害，有没有可能误食什么来路不明的东西等；所以住外面的宠物旅馆，我觉得一狗一间（一猫一间），用关笼的方式相对安全。 选择宠物旅馆，要找管控良好的店家，例如要能保证按时打预防针、驱虫、除蚤，保证住宿环境定期消毒，对宠物有专业护理知识，具备宠物旅馆资质等。

Q31：什么是艾滋猫?

小兽医　　猫免疫缺陷病毒（FIV），常被称为猫艾滋，与人类的艾滋一样，病毒针对免疫系统进行攻击，发病后无法治愈。感染途径包括唾液、伤口传染，或是怀孕母猫传染给小猫。

人类的艾滋与猫咪的艾滋并不相同，因此目前没有人猫交叉感染的病例。带艾滋病原的猫咪可能终其一生不会发病，甚至可能因为携带病原而产生抗体，生活作息与正常猫完全相同。

猫　奴　　如果艾滋猫有感染其他猫的可能，是不是只能养一只猫（艾滋猫）?

小兽医　　如果这只猫个性稳定，没有攻击性，并且可以跟其他猫共处，只要能确保避免猫咪因打架之间的咬或抓伤发生，那么或许可以和其他猫咪养在一起。但猫奴若存有疑虑，隔离饲养是较好的方式。（再强调一次）艾滋猫可能患有艾滋病，但它也可能终其一生都和正常猫一模一样，只是身体携带艾滋病原。在临床上真正发病的是少数，带病原的则是多数。

猫　奴　　艾滋猫现在的比例高吗？

小兽医　　我手边没有相关数据，不过根据经验判断，领养的流浪猫中，艾滋猫的比例可能会相对较高，家猫较少。所以有爱心的猫奴一定要给流浪猫做艾滋筛检！

还有，补充一下，如果合得来的话，艾滋猫可以和狗养在一起啊，猫狗间不会互相传染。

第七章
我家的猫咪生病了吗

网络大神提供了许多便利，能让认真的猫奴们在第一时间就浏览到大量与猫咪疾病有关的知识，这让如今的猫奴们对猫咪的疾病与治疗方式已经不再像过去那般陌生。

　　本章先不涉及对于疾病本身的描述与讨论，主要谈猫咪在生病时所出现的异常状况，希望这些内容能作为读者们观察自家猫咪的指标。

Q32：我家的猫咪生病了吗？
（判断猫咪生病的指标）

小兽医　　要判断猫咪是否生病了，身为一个合格的猫奴，你必须先问问自己，是否知道自家猫咪平日的正常状况。如果你很清楚，那么一旦这些状况发生了改变，极有可能是生病了，或是猫咪产生了焦虑心理。（焦虑的症状可另参考Q52。）

以下是可以衡量的客观指标：

1　食欲是否有所改变？

例如：食欲增加，食欲减退，食欲废绝（就是完全不吃）。

2　精神上是否改变？

例如：变得兴奋，变得沮丧，变得自闭，跟以前相比不太理人等。

3　喝水量、排尿量是否改变？

例如：突然大量喝水，尿量大增，抵触喝水。

4　活力是否改变？

例如：过于激动，突然有气无力，异常好动。

5　明显的异常症状？

例如：呕吐，拉肚子（软便），打喷嚏，喘气。

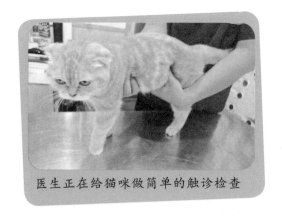

医生正在给猫咪做简单的触诊检查

6　外观上是否有所改变？

例如：皮肤、毛发、黏膜色泽是否改变。

7　行为上是否有所改变？

例如：突然变得有攻击性，做一些以前不会做的事情。

建议猫奴们采用以上的指标去衡量猫咪，并将你比较后的结果告诉兽医师。这样的好处一是让猫奴不至于有过分夸大的描述或是忽视了症状，二则可以让兽医师在诊察过程中获得充分信息。

猫　　奴　　什么是黏膜色泽？

小兽医　　这更多属于兽医师的检查范围，黏膜色泽检查主要指检查猫咪口腔的颜色、眼睑的颜色（兽医师会翻开猫咪的眼皮检查）是否正常，正常应呈淡粉红色，如果偏白或者偏红，都属于不正常的状态。

为什么观察异常状态如此重要？因为在我临床诊断的经验里，看过太多太多不舍的眼泪。我总是想，如果猫奴能够清楚地观察并描述异常状况，且能及早就医，会不会还有一线希望？

猫奴往往是家庭的一线防卫者，是最贴近猫咪也是最能掌握猫咪生活作息，最能察觉猫咪是否有异常状况的第一接触者。然而所有异状的发现来自观察，而观察的能力来自学习。我们能救回动物，有时并不是因为医疗技术的强大，而是因为猫奴能在第一时间察觉到异常状况并果断送医处理。

正因如此，医院只是二线，而生命往往就在转瞬间消失，这除了让医者感到自身的渺小和能力的有限外，更让我深深觉得，让猫奴学会如何观察自家的猫咪，才能确确实实地守护它

们，使猫咪健康幸福。

　　至于猫咪实际上是得了什么病，我的临床经验是，没有任何一只猫咪会按照教科书上的描述去生病。换言之，任何疾病都有可能产生不同的病症和结果，所以在笃定地判断猫咪得了某种病的同时，仍然不要忘了带猫咪就诊，让医师就猫咪的客观情形进行诊治，更为妥当。

Q33：为什么猫奴需要准备一本猫咪健康记录本？

小兽医　有时在医院工作最大的困扰并不是来自猫咪无法沟通，不愿意配合诊疗，而是猫奴们无法确切描述猫咪的病征、行为、生活作息。而猫奴因为太忙，所以让家人带猫咪来看病的情形则更为常见。我能够理解当今猫奴为了养猫而赚钱的忙碌程度，然而站在兽医师的立场，如果猫奴没有办法提供足够的信息，那么看病就只能单就猫咪在医院的状态进行判断，而这样的判断显然是不全面的，毕竟兽医师看不见猫咪在家中的情况。

因此，为了避免误判，获得更佳的诊断结果，同时帮猫奴们免除记忆的困扰，我建议猫奴们除了日常照顾外，应该要，必须要，一定要，定期写下"猫咪健康记录"，这对多猫的家庭更是重要。以下是猫咪健康记录应该包含的内容。

- ☐ 1 猫咪的年纪、猫咪的体重变化？
- ☐ 2 猫咪的预防针注射记录？
- ☐ 3 猫咪是否曾有过重大疾病，做过哪些手术？
- ☐ 4 猫咪是否有用药过敏的情形？
- ☐ 5 猫咪是否有先天性的缺陷？
- ☐ 6 猫咪的日常作息情况（吃饭、喝水、排泄、是否呕吐、是否打喷嚏或咳嗽）？

如果猫奴按照 Q32 的指标，已经开始观察到猫咪出现异常的情形，这时候应针对以下状态进行记录：

1 当猫咪频繁地出现某种异常行为，如哮喘、不断地搔抓等，请准备可录像的手机或相机，将异常行为拍摄下来。

2 一旦发现猫咪有异常的分泌物或排泄物，如异常的尿、粪便、呕吐物或不明的分泌物，最好能试着收集，并拍照记录。

《猫咪健康记录本》

健康记录本内页

Q34：我家两只猫咪都一起吃睡，我不知道该怎么观察猫咪的吃喝拉撒睡?

小兽医　　所以猫奴们一定要有"隔离"的概念。只有将猫咪分开，才有可能观察猫咪的生活状态与作息是否正常。

该怎么准备呢？凡具有两只以上猫咪的家庭，一定要准备隔离空间。隔离空间可以是猫笼，也可以是一间单独的房间，内有猫咪的饮用水、猫盆等日常用品。当猫奴怀疑其中一只猫可能生病或行为异常的话，将它与其他猫咪分开，有助于搜集猫咪生活与行为的相关情况，而越是掌握充足的信息越有可能帮助兽医师去理清病情，越有助于给猫咪更适当的治疗。

猫　奴　　可是猫奴们会觉得猫咪关在笼子里喵喵叫很可怜，不自由啊！

"隔离"的概念

小兽医

兽医师跟其他人类医师最大的不同之处是：我们的病号几乎都不可能配合我们！猫咪生病了会痛、会不舒服，或是会咬开伤口，乱跑、乱跳，无法好好休息。所以适度限制生病猫咪的活动，往往是必要的。例如，开刀后的猫咪一定要戴头套，就是为了避免猫咪因为不断地抓搔或者舔咬，造成伤口无法愈合。毕竟我们不是喵星人，无法和它们沟通，请它们配合我们的指令，只能通过必要的限制手段来达到让猫咪保持健康的目的。

Q35：我家的猫咪吐了，是生病吗?

小兽医　事实上，许多人可能不知道，猫咪是极容易呕吐的动物。很可能因为吃太急、吃太快、清理毛发、紧张等诸多原因造成呕吐。

猫　奴　天啊！真的吗?

小兽医　所以，如果猫咪吐了之后，精神状况仍然良好，吃喝也都正常，那就属于待观察的情况。但如果呕吐频繁，精神状况也不好，就需要带到医院看看了。

还有一个可能引发呕吐的原因是猫咪误食了东西，可能是家里的食物（像洋葱就不行），种植的植物（如室内最常见的万年青），也可能是猫咪啃咬并吞入了拖鞋、毛线、塑料袋等物品。详见前文 Q1 的异食癖说明。

同场加映
猫咪呕吐注意事项

1　先确认猫咪是否吃了不该吃的东西，如毛线、鱼线、塑料袋、吸管、塑料套等，由于猫咪对这类东西情有独钟，所以还要注意是否有中毒的可能。因此，一旦养了猫，就要更加注意家中摆设的物品是否对猫咪有害，并将猫咪会啃咬的危险物品放置在猫咪无法取得之处。（猫奴：很像养小孩啊！）

2　试着分辨呕吐物的内容及其颜色（白色、黄色、绿色、黑色）。最好的方式是，拿出你的手机，拍照存证给兽医师看。

3　拿出纸笔或记录在手机里面（不要靠记忆力！）。记录猫咪呕吐的频率、次数。通常一周内一次到两次的偶然呕吐，可以在家继续观察，但如果是一天两三次以上，甚至已经连续好几天，就必须赶快就医。就诊时猫奴们常常夸大或过分简化症状，而这其实会给兽医师带来困扰，因为不切实际的描述，反而会造成兽医师的误判，很可能影响到治疗。

4 呕吐后是否还有食欲（如果没有，是否也需要立即就医）？以及呕吐后精神状况如何？

5 对6岁以上猫咪的呕吐，更应该提高警觉，因为许多慢性病都会伴随呕吐的症状。最佳策略是到医院做检查，排除问题，早期预防胜于晚期治疗。

6 呕吐后，照护时请以少量多餐为原则，不要给过多的水。刚呕吐后，建议至少休息2小时之后，再给予少量的食物和少量的水。

7 呕吐的后续情形仍然要持续留意，因有些猫咪会有脱水、酸血症的问题，严重的甚至会影响生命。

8 大多数人都误以为呕吐只是肠胃问题，其实不尽然，呕吐也常是其他疾病的症状之一。因此，就诊时医生需要对猫咪进行抽血和X光的初步检查，排除非肠胃问题。

Q36：猫咪身体各部分的正常、异常症状如何表现出来？

小兽医 身体各部位如果出现下列状况可能就是异常症状，必须多加观察或就医。

鼻子方面

猫咪也是会出现鼻屎的，猫奴们请用湿棉花或湿卫生纸擦拭即可，不要硬抠。但猫咪如果出现以下状态：

1 明显的鼻水流出，或是流出黄绿色的鼻涕分泌物（这表示发炎已经变得严重，且有感染的可能）。
2 带血的鼻脓分泌物。
3 伴随着嗅觉下降，食欲、精神与体重都下降。
4 发烧，喘息声变大，精神变差。

猫咪的母鸡蹲坐姿势

眼睛方面

正常的猫咪刚睡醒时会有少量的眼屎附着在眼角上，但有些时候，猫咪有下面的状态：

1　眼睛周围会有黄绿色分泌物，甚至粘住眼睛。

2　因疼痛或畏光，眼睛一大一小。

3　用前脚频繁洗脸。

4　过度流眼泪。

5　在光亮处，瞳孔呈现异常放大的情形。

6　频繁眨眼或是用爪子不断抓眼。

呼吸道方面

猫咪如果出现以下状态：

1　频繁地打喷嚏、流眼泪（眼睛有分泌物）。

2　哮喘，就是猫咪以母鸡蹲坐姿势，头部向前伸直，很用力地咳嗽，类似呕吐的动作。

3　呼吸急促，呼吸用力（可见横膈膜大幅度起伏），甚至张口呼吸等动作。

皮肤方面

猫咪如果出现以下状态：

1　下巴长粉刺，俗称猫粉刺，在猫咪下巴部位有黑色分泌物，就像人类的黑头粉刺。

2　猫咪尾巴根部与背部的毛粘在一起，摸起来油油黏黏的。

3　猫咪身上出现大量的皮屑，皮肤出现圆形秃毛的情形。

4　猫咪持续不断地抓痒，甚至皮肤开始出血。

5　猫咪皮肤出现脱毛或溃疡，或是下巴处、下唇处肿大。

耳朵方面

猫咪在正常情形下，只会偶尔甩头。不过当猫咪耳朵出现状况时，甩头的次数会大幅增加。另外，猫咪的耳朵若发现大量黑褐色的耳垢，很可能说明耳朵已经发炎或感染耳疥虫。当然，若猫咪耳朵有明显恶臭或湿湿黏黏的分泌液也表示有问题。

嘴部、口腔方面……

猫咪如果出现以下状态：

1 牙齿变成浅咖啡色，有明显的牙菌斑及牙结石。

2 开始流口水，口臭味道重，口腔红肿或是溃烂。

3 流口水，甚至出现痉挛（请立即送医院）。

4 流口水，因疼痛无法进食或是咀嚼困难。

外观、行动方面……

如果猫咪走路的样子与平常不同，除了观察判断可能是哪一只脚出现异常外，还建议同时将猫咪走路的样子拍摄下来（在医院猫咪通常不愿意走路），并留意是否有以下异常：

1 是否有外伤？是否有出血、指甲断裂？

2 猫咪有没有特定部位不让碰？

对于此类外伤，提醒猫奴们，检查的时候动作要轻，因为相对于人类来说，猫咪仍属于比较脆弱的动物。毕竟，你不想因为自己检查不当反而造成猫咪骨裂或者外伤加重吧？

Q37：如何分辨猫咪
排泄物的正常或异常？

小兽医 许多猫咪都不太爱喝水，甚至会忘记喝水，但猫咪的正常喝水量是每千克体重要配40～60毫升水，换句话说，若你的猫体重有4千克，那么它每天必须喝160～240毫升的水，虽然可以将猫咪吃的罐头或湿食的含水量计算进去，可是还是要多鼓励猫咪喝水较好。多喝水除了能增进身体的新陈代谢外，还可预防泌尿系统疾病，降低肾脏方面的负担（如肾衰竭、肾功能不全），特别是公猫容易遭遇的泌尿问题，所以喝水很重要。喝水的问题已经在前面Q13提过，可再翻阅复习。

正常猫一天约尿2～3次，而猫咪的饮食若以湿食为主，尿量会较吃干饲料来得多一些。猫奴平日就要多多留意猫咪们排便与排尿量的情况。但尿量很难观察对不对？建议通过观察猫砂团块大小及数量，来判断是否异常。此外，正常猫咪的尿液颜色应是淡黄色，也会带有猫咪自身的体味，若猫奴看到尿量、颜色变化或是闻到带着甜味的尿液，都是不正常的。

在排便方面，猫咪正常的粪便是如羊大便的颗粒状，长条形也属于正常，但如果观察出以下状况则属异常：

1 软便。
2 便便中含有米粒大小或长条状的虫。
3 带血的水样下痢（猫奴：水水的便便啦）。
4 灰白色的便便。

如果猫咪有以下行为，也需要多加留意：

1 喝水量或尿量异常增加：猫咪突然大量喝水，排尿增加，或蹲在水盆前面的时间增多。
2 上厕所困难：猫咪频繁地跑厕所，上厕所时感觉很用力，蹲厕所的时间变长，以及很焦躁地在厕所附近号叫等。

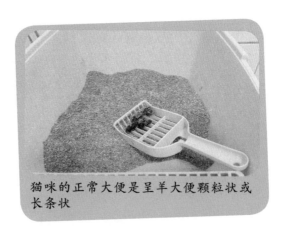

猫咪的正常大便是呈羊大便颗粒状或长条状

Q38：我家的猫咪一直用屁股摩擦地面，会是什么原因？

小兽医　当猫咪出现坐着、用前脚向前爬行等方式摩蹭屁股（肛门附近）的动作时，很可能是有寄生虫感染或是肛门腺发炎所致。（肛门腺的清理，详见Q24。）

另外，若猫咪拉肚子，粪便是稀的，也可能会摩擦屁股哦，那是因为肛门红肿、发痒。

猫咪坐姿

第八章
兽医师、猫咪与
猫奴间的三角关系

在医疗阶段，兽医师、猫咪与猫
奴三者缺一不可。

兽医师与人类医师最大的差别在于，当猫咪生病时，兽医师往往更需要猫奴协助配合，毕竟，最了解猫咪的人不是兽医师，而是每一位猫奴。

　　喵星人不会说人话，倘若没有猫奴及时带猫咪来看医生，清楚地阐释疾病的发生经过，同时扮演与医者沟通的桥梁，配合医生指示给猫咪喂药等，那么这个医疗行为恐怕无法顺利完成。

Q39：猫咪在医院时和平常的样子不一样？

小兽医　　正如前面已经谈过的，猫咪是种容易紧张的动物，特别是那些罕与他人接触，出门经验较少的猫咪。

若要猫咪列出最不喜欢做的事情，"去医院"应该是排行榜的第一名。大部分猫咪都会很紧张很害怕，有些紧张的猫咪更是把自己缩在猫笼里面不动，要不就是反应激烈，威胁性地低吼，不让人靠近，更不让人触碰。

还有一种害怕的表现就是张牙舞爪，强力抵抗。这种就很恐怖，检查时兽医师可能一不小心就见血了（因为猫咪动作非常快速）……

有经验的兽医师很容易就能避开被狗咬伤的状况，但猫咪动作往往太快，爪子一来或牙齿一咬就见血了，如果遇到这种极度恐惧的猫咪就诊，往往要花费一番力气才能进行检查，所以我们医师赚的其实是辛苦的皮肉钱啊！（苦笑）

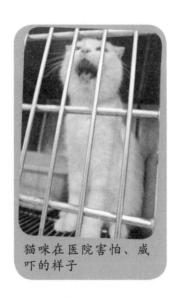

猫咪在医院害怕、威吓的样子

猫　　奴　　但是我家猫在家里作威作福，碰到兽医师只会发抖啊，它们超乖的！

小兽医　　对不起我要戳破你的幻想了。大部分来医院很"乖"的猫咪，可能只是紧张害怕到不敢动而已，就是那种"好啦，我随便你啦"的害怕。

　　　　　有经验的兽医师，通常在诊疗前先问猫奴："你的猫容易紧张吗？"接着问完猫奴所有的问题后，关上诊所的门才让猫咪出来，以减少猫咪在外面的时间。再怎么有经验，有时还是免不了发生没抓好猫咪，医院的门又没关好，结果让猫咪跑出诊所的疏漏。

曾经有一只猫咪就是因为主人没抓好，害怕地躲进病房里的铁笼里后就不出来了，它的猫奴每天来医院叫它，但猫咪怎么都不出来。直到过了几天，猫咪因为肚子饿才自己走出来——多执著的小动物啊！

更恐怖的情况是，猫奴没有固定好猫咪，或是猫笼松脱，医院门又碰巧打开着，猫咪就跑掉了。

同场加映
猫咪就诊前该做的准备工作

建议猫奴准备：

1 坚固的猫咪外出笼。猫笼的作用是留住猫咪，避免猫咪逃脱，因此建议使用猫咪不容易撞开的、结实的外出笼。

（猫奴补充：如果你养的是容易紧张，或3千克以上的大猫，请千万不要使用市面上常见的软塑料笼，因为太容易冲撞开了。另外，如果是需要放置在医院等待看诊的猫咪，我也不建议使用软性的猫咪外出提袋，因为硬式提笼除了能提供给猫咪一个固定的空间外，也较能防范外在的攻击。）

2　毛巾：有包裹、固定、镇定猫咪之用。

3　猫咪的健康记录本、预防针记录表，或是自己拍摄的猫咪病况录像。

4　穿耐脏的衣物。不要穿太喜欢或太名贵的衣服，也不要戴最喜欢的项链、耳环等饰品，以免被紧张的猫咪扯掉。

5　就诊之前先给猫咪剪好指甲。

Q40：为什么带猫咪就医时，有时会建议进行镇静麻醉呢?

小兽医　　每一只猫咪来到动物医院，在身体不舒服，心情也不舒畅的情况下，它们的反应是非常多样的，就如同我在上面说提及的情况，在家中猫奴所谓"乖巧"的猫咪，有时在医院却是另一种样子。

诊断是绝对必要的，但当医生遭遇猫咪激烈的抵抗而不配合检查时，也就是猫咪不愿让人靠近，更不让人碰的时候该怎么办呢? 我们会和猫奴讨论，是否给予猫咪适量的镇静麻醉药物，以便我们能够接近它而进行检查。麻醉当然是有危险性的，但有时没有办法接近猫咪的时候，这样的选择也是必要的。

同场加映

什么是麻醉？麻醉有哪些方式？

为了进行某些侵入性的检查或外科手术（如绝育手术），兽医师通常会对猫咪施以全身性麻醉，让猫咪暂时失去知觉。这样的麻醉不同于人类的局部麻醉——你仍有知觉与意识，只是某个部位没有任何感觉。

麻醉药会影响猫咪的血液循环系统、呼吸系统及神经系统，所以麻醉对猫咪的风险来自对猫咪健康状况的不了解——猫咪是否有心肌肥大症？是否肝肾功能不佳？是否有凝血症状等问题？若能在麻醉前进行相关身体健康检查，就能大幅降低麻醉风险，对迈入老年的猫咪更为重要。

目前动物医院的麻醉方式可分为气体麻醉（以下简称气麻）与注射麻醉两种。

气麻借由吸入性麻醉药，通过插管或是面罩等方式让麻醉气体进入猫咪的肺部，所以气麻的代谢比较快，也就是药效消失较快，猫咪会较早醒来。注射式的麻醉是通过注射药物到猫咪的身体里，需要身体的吸收，并通过肝脏代谢，麻醉时间相对比较长。

至于气体麻醉是不是比较安全，这要看使用的药物和施行的手术而定，目前动物医院其实都是结合使用。

麻醉都具有一定程度的风险，不管是在人还是动物的医疗中都是一样。

Q41：医院会对猫咪做哪些检查?

小兽医 | 为了解猫咪身体的实际状况，医院会进行的检查大概分为三大类：理学检查、血液检查和影像学检查。

1　一般理学检查：这是医生对于初次就诊的猫咪进行的检查。

医生以视诊、触诊、听诊、嗅诊、扣诊等方式进行检查。

视诊用以观察猫咪的精气神、皮毛、眼睛、耳朵、鼻子的外观是否健康等。触诊检查包含猫咪的关节，触碰猫咪体内肿块，检查猫咪的肠道是否有异物等。听诊如听听猫咪的声音，用以判断如呼吸道、心脏、肠胃等问题。嗅诊是因为有些疾病可以闻到特别的气味。扣诊用于检查猫咪的胸腔与腹腔。

2 血液检查：简单说就是抽血检查，抽血后经过化验分析，判断猫咪的身体状况。

一般健康检查所做的血液检查，大概有三大类：血液学检查、血液生化学检查与内分泌检查。血液检查就是检查猫咪的红细胞、白细胞、血小板数量，用以判断猫咪是否发炎、是否有贫血等。血液生化学检查则是在检查猫咪的肝功能、肾功能、胆固醇、血糖、胆红素等，看这些生化数值是否正常。内分泌检查，检查对象如猫咪的甲状腺等。

另外，有一些针对特殊状态猫咪的血液检查，如针对流浪猫、常外出的猫咪应增加传染病检查，检验是否有猫艾滋、白血病，而疑似有胰脏炎的猫咪也应进行胰脏炎检查。

3 影像学检查：就是利用如 X 光、超声波设备，检查猫咪的个别脏器问题。

猫　奴　　这些都要做吗？（看看扁掉的钱包……）

小兽医　　如果是猫咪看病的话，兽医师会依需求告知猫奴要
　　　　　做什么检查，不过如果是属于年度的健康检查，我
　　　　　建议一年至少做一次血液学与血液生化学检查。至
　　　　　于延伸的检查，则看猫咪是否有特殊状况，以及主
　　　　　人的钱包有多大了。

Q42：我可以用网络或电话问诊吗?

小兽医   我不建议这样做。因为进行任何医疗诊断行为之前，我还是需要亲眼看到猫咪啊!

所以还是请猫奴把猫咪带到动物医院比较妥当。这样兽医师除了能通过猫奴的主观描述作判断外，也可以就客观的情况（猫咪目前的状态）进行判断，不要以为兽医师是闲得没事才叫你们带猫咪来看病啊!

猫 奴
（在危险中发问）   可是每次带猫咪去医院，兽医师就看一下、摸一下猫咪，也就两分钟，然后问几个问题而已，我家一只猫咪也要4千克多，很重啊……而且有时候很忙! 真的不能电话问诊吗?

小兽医   这样说好了，如果你用电话或网络问诊，你能确定兽医师解决的是你（问）的问题还是猫咪（真正）的问题呢?

猫　　奴　　可是我的问题就是猫咪的问题啊，不是吗？

小兽医　　你百分之百确定吗？确定不用兽医师通过用触诊等
其他检查方式再判断一下？我最怕遇到，你问的问
题可能并不是猫咪真正的问题——为什么会有这样的
情况呢？第一种可能的原因是，猫奴们无法切实地
描述病状，换句话说，兽医师可能听到很多枝节，
但很可能都不是兽医师需要的信息。另一种可能的
原因是，猫奴们已经根据猫咪的症状，自行下了判
断。小兽医也许可以用网络和电话解决猫奴和猫咪
的其他问题，只是对于看病这种事情，我认为，只
有猫奴的描述是不够的。

Q43: 为什么兽医师抓猫咪的动作看起来很粗鲁啊?

小兽医　嗯……这可能是种误会啦,有时候我们使用一些"保定"(保护固定)的姿势,并不是要虐待猫,而是我们必须固定它以便检查。否则猫咪动作非常快,一爪子下来,嘴巴一咬,根本来不及抓(躲),猫咪就逃跑了。

　　　　根据我们的经验,即使是一只 3～4 千克的猫咪,如果它真的要跟你拼命,我们就算有三四个人也抓不住它……但一般来说,我们"保定"也是有技巧的,通常都是小心地抓关节部位,并不会让猫咪受伤,请各位猫奴明察。

猫　奴　那猫奴可以帮忙吗?

小兽医　嗯,如果猫奴本身是有经验的(知道怎么固定猫咪),我会请他帮忙,不过还是要看实际情况而定。当然,医院人手多的话,可能就不需要猫奴出手。

坦白说，有时我也会先请猫奴离开，例如我要抽血时，有些猫奴看起来比猫咪更紧张，为了他与猫咪好，我会先请他在外面稍候。

猫　　奴　我很好奇，父母带小朋友看病的时候通常都可以陪在身边，而什么样的情况下你会需要猫奴（主人）离开？

小兽医　对猫咪来说，情况比较少，我通常都是叫狗主人离开比较多，因为狗仗人势（主人抱着就不断吠叫，作势咬人）的概率很高。

帮助兽医师"保定"猫咪

Q44：为什么猫咪去医院，都建议要做一些检查如X光和验血，不能开药就好吗？

小兽医　首先要请猫奴们了解一下什么是检查行为。我们的检查方式分为常规性检查与进阶性检查。常规性检查是一套系统性的检查，包括触诊、血液检查，有时也会有X光的检查等。进阶性检查是问题已经被掌握但需要更进一步信息的检验。

对于来到医院的每只猫咪，我们都会全盘扫描，然后锁定范围，在抓到问题的方向后，系统地做排除法。这就是所谓的常规性检查。例如猫咪一直频繁地跑厕所，可能是尿道阻塞，也可能是尿道发炎。这时我们可能就需要通过触诊，去检查是否有阻塞的可能，膀胱是否大量积尿，还是只是单纯的尿道发炎。最终我们可能通过影像学的X光或超声波检查来理清问题。

猫　　奴　　兽医师的行为很像侦探啊！就是怀疑所有的线索然后排除掉不可能的？

小兽医　　对啊！所以医生就像一个寻找病因的侦探，不能只是依据猫奴对猫咪的描述作判断，就像人类看病常需要验血一样，猫咪也需要经过这样的检查，才不至于被误诊啊！

同场加映
猫咪抽血的位置

小兽医　　一般来说早些年的抽血是抽后脚背侧或者大腿内侧，现在比较普遍是抽猫咪的颈静脉处。其实两者各有优缺点。我们的医院以抽猫咪的颈部静脉血为主，原因是脚（后脚）的脂肪比较少，皮比较薄，而且猫咪的手或脚比较敏感，抽血可能会比较疼痛。而颈静脉的部位，因为颈部肉比较多，血管比较粗，一旦扎到后，抽血的时间可以缩短，快的话可能3秒内就完成了。

当然，也不是所有的猫都愿意让我们碰脖子的，况且离猫咪的嘴巴那么近，有被咬的风险。所以临床上我们会看情况，选择猫咪能够接受的位置做抽血。

至于为什么不会抽手（前脚），这是由于我们常会有"预留"的习惯，当动物需要急救的时候，手部的血管是留作点滴、留滞针之用。

一般抽血的流程，以抽颈静脉为例，首先我们会由一两位工作人员固定猫咪，随后在颈部抽血处先剃毛，然后很快地抽血，最后用棉花按压伤口处数秒等待止血，全过程很快就完成了。你带你家猫咪来抽血的时候不是很快吗？

猫　奴　　对啊，好像一眨眼，两秒就好了。不过老实说，我在旁边看得心惊肉跳的，不知道会不会不小心插错，然后血大量喷出来？

小兽医　　……（无奈）不会的，那更像是电视剧里演的……

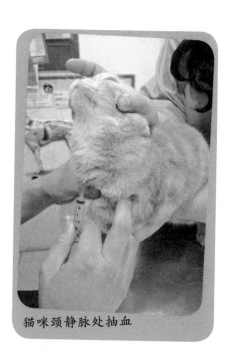

猫咪颈静脉处抽血

Q45：猫咪手术后一定要戴头套吗？它撞来撞去好可怜，住院一定要住在冷冰冰的笼子里面吗？

小兽医　对于第一个问题，通常我们限制猫咪的行为，是为了确保猫咪能够妥善休息，进而让伤口和身体复原。有些猫咪只要一清醒，就会发生舔伤口而导致缝线崩开等情况，这类事例比比皆是。当然，不是所有的猫咪都会舔伤口，只是站在兽医师的角度，为了百分之百防止猫咪舔伤口造成术后复原期限延长，戴头套是必要的。有些猫可能会因为头套的缘故而自闭，不愿意动或食欲变差，嗯，我想这是过渡期，也是必要的。

现在已经开始有了软性的头套，我想软性的头套出现后，戴起来一定会比较舒服。未来若是有更好的防止猫咪舔伤口的办法，我们当然会从善如流。

至于猫咪住院的时候为何要关在笼子里，就像前面

给猫咪戴头套

Q14 提到的认养流浪猫一样，手术结束后，猫咪的精神状况、饮食与排泄情形仍要观察与留意，因此，通过笼饲才能够一目了然地了解猫咪目前的状态，否则术后疼痛的猫咪通常会躲在没有人抓得到的角落静静地舔伤口……

有时候笼饲是不得已的选择，也是权衡之后，所选出的对猫咪比较好的方式。

Q46：猫咪住院的话，
我可以常常去看它吗?

小兽医　　其实一天来一次就够了。正如人类住院也需要好好
　　　　　休息，猫咪在手术后也需要全面的、不受打扰的休
　　　　　息，过度的探访会增加它们的不安。

同场加映

什么样的猫咪需要住院？

小兽医	这个问题要看是做手术还是内科治疗，以及猫奴是否有照顾的时间和能力。先谈谈手术，如果只是常规手术，如绝育、洗牙或简单外伤处理等，这种情形只要猫奴可以自己护理猫咪的伤口，一般来说是不用住院的。当然，若猫奴没有时间又对自己的照顾水平有疑虑，那就直接住院。如果是开重刀，例如骨科、猫咪吞吃异物，或开刀取出结石等，这些都需要术后观察，存在术后有感染的风险，或是术后需要照护的问题，这当然需要住院。 至于内科的部分，则取决于兽医师的主观判断。
猫　奴	可是住院很贵，我有第一手的惨痛经历！
小兽医	当然还是要经过专业的医疗判断。不过我个人是这样觉得，如果猫咪已经不吃东西了，或者我们检查时发现猫咪需要更专业的医疗照护，例如猫咪脱水、肾衰竭等，住院是比较好的选择。反过来说，如果医院能够做的，猫奴也都能做，那当然可以再和医生讨论，

带回家照护也是无妨。

基本上我觉得如果一只猫咪不吃东西，就应该要住院了。

猫　奴　通常一只猫咪住院，会得到什么样的治疗？会打点滴吗？

小兽医　我知道你想问的问题，让我放大一点来回答。

假如一只猫咪不能自己吃东西了，它可能需要医疗上的连续治疗和看护，这部分恐怕是猫奴无法取代的，这时猫咪很可能已处于生命受到威胁的状态。至于做什么样的具体治疗，当然要看生什么病了！

至于点滴，就是给猫咪提供水分、电解质，以及一些必要的营养补充。此外，点滴的建立，对给药有着很大的便利性，因为借此药物可以不用靠喂食或重复打针的方式，直接经由点滴进入猫咪身体。

至于住院时兽医师会做什么，除了给予药物外，我们主要的任务就是监控病情。第一，观察它的排尿、排便。第二，如果猫咪的医疗数值是不正常的，例如有重度感染、贫血等问题，就必须进行后续追踪，定时验血以判断数值是否改变。第三，看猫咪状态是否好转。猫奴常会对兽医师说："我的猫咪眼睛比较亮了，看起来状况比较好了吧！"其实这只是一部分的状况。医生必须对所有数值以及在临床状况下的表现进行全面判断，再看是可以出院，还是需要进一步的治疗。

但老实说，很多猫奴其实都不喜欢猫咪住院……

猫　奴	是很花钱的原因吗？
小兽医	这是一点，因为住院很贵。另外一点就是舍不得，觉得医院是个铁笼，猫咪会很不舒服。兽医师需要花很多力气说服猫奴……就像我常常打比方说，请问我们人类去住院的时候，会比家里舒服吗？一定不会吧！

小兽医的紧迫现象出现了……

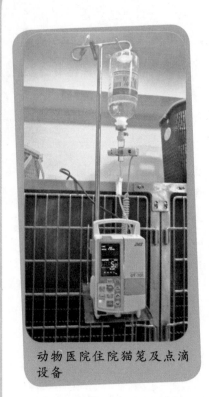

动物医院住院猫笼及点滴设备

曾经有个猫奴对我说："你看医院都没有活动空间！"我心想，今天猫咪打了点滴，你希望它们到处跑吗？（翻白眼了……）

我更希望猫奴能够理解，如果猫咪住院的话，真的不用反复多次来看它，因为动物是需要休息的。

老实说，如果可以不用住院，我也不喜欢动物住院啊，因为住院的动物医院要负责，压力很大啊！

Q47：猫咪不肯乖乖吃药，如何喂猫咪吃药？

小兽医　呵呵，不难的。请观赏我与小丸子的喂食秀……

猫　奴　医生，不要再度炫耀小丸子了！

小兽医

我才是女王一号！

猫奴也可向兽医师要药粉，拌在罐头里面喂食，只是要多加留意猫咪是否已顺利把药粉吃完。如果你的猫是挑嘴猫，为了成为一个尽责的猫奴，还是建议你学习如何用药丸喂药！因为药粉拌罐头或用药水都是没有办法的办法。

药丸投药的方式：用非惯用手的食指与拇指将猫咪的嘴打开，让嘴微微上扬成30～45度角，待口张开后，惯用手拿好胶囊，将之推入口中。此时，再将猫咪嘴微微握紧，按摩喉咙，若猫咪舌头伸出则表示药物已吞下。这种投药方法须多次练习！

第九章
猫咪的奇怪行为

　　又到了请猫奴们再度发挥观察力
的时候了！

当猫奴们观察到猫咪们开始出现异常行为时，通常有两种可能，一种可能是猫咪焦虑导致的，另外一种可能是猫咪真的生病了。因此，本章请同第七章一起阅读，这一章主要是针对猫奴的疑惑的讨论以及提供改善之道。

不过，站在小兽医的立场上，身体的疾病会改变猫咪的行为，而行为异常的原因可能来自疼痛。所以如果猫咪的行为真的很奇怪，那很可能是难缠的疾病出现了，不要犹豫，快带来医院检查吧！

Q48：为什么我家猫咪喜欢吸塑料袋，吃毛线，吞吃塑料拖鞋、泡沫塑料，舔电线、墙壁？

小兽医　嗯，猫咪本性就是喜欢这样的东西，所以猫奴必须要自己将东西收好。请记得回去看看Q1关于猫咪异食癖的讨论。

猫　奴　可是有些猫会，有些猫不会？

我喜欢吃手摇杯吸管的塑料套～

猫咪对塑料袋很有兴趣

小兽医　　我觉得多数的猫都会，因为猫咪对这些东西都有独特的情愫与好感在，特别是喜欢咬，所以猫奴一定要非常小心，不要心存侥幸。

（家中猫咪因误食而开过两次刀的猫奴：听到小兽医说这是它们独特的爱好，我的心情好像比较平静了……）

Q49：我家猫咪为什么很爱叫？

小兽医
（脸上充满疑惑）

你知道，爱叫是很主观的描述，多常叫是爱叫呢？有些人可能觉得晚上叫个四五次就是爱叫，有些人可能不这样认为啊！我觉得，猫咪喜欢叫可能有以下原因：发情、撒娇、焦虑（紧迫），生病，或是表达其他情绪。

请大家试着用排除法看看吧！如果你的猫咪已经绝育，那它有没有（1）其他异常症状，（2）其他撒娇行为，（3）其他生病的病状？

如果有（1）与（3），就可以排除撒娇这项，如果有（3），就来医院看看……坦白说，爱叫这个问题我在医院很少听到人家问啊。

猫 奴

大家不会把这个问题带去医院，是因为大家习惯在家里忍耐了……我的猫上完厕所也叫，没事就练喉咙，没看到人也叫，半夜人类睡觉也叫……后来听说橘猫都属于爱叫一族……

小兽医　你的猫可能比较擅长用叫声来表达情绪，焦虑的行为与反应我们后面专门来谈。

Q50：为什么猫咪在床上大小便？该怎么处理？

小兽医　我想到的第一个原因就是发情，所以呼应前文，绝育真的是很重要的事。

其他可能的原因就是家里有人、事、物的异动，例如你加班、工作太忙、谈恋爱，或是家里有新生儿，这些都有可能让猫咪感到紧张有压力，开始在非常规的地方便溺，就是你们猫奴常说的"抗议行为"啦！

我们先撇开猫咪身体的问题，建议猫奴先检视一下家里是否发生变动。尤其是猫砂的位置与猫砂的干净程度也要留意，因为猫咪是很挑剔的动物，猫砂不干净也会让它另谋高就的。如果你爱猫，记得每天都要清理猫砂盆！

猫　奴　　老猫是否更容易随地大小便？

小兽医　　有些时候是失禁，有时候则是认知能力的问题，而且老人家大小便控制能力比较不好……可能需要一一理清是哪方面的问题。每一个行为背后都有一个原因，如果能找到可能的原因或许可以解决问题。在此建议猫奴自救一下！

猫　奴　　我知道，我家里已经准备好保洁垫和塑料布了，出门的时候就把塑料布盖在床上。

小兽医　　这跟上面那题尿在床上不是很像吗？只是位置不一样嘛！（笑）

　　如果猫咪已经绝育，那这可能是猫咪抗议的一种方式，也可能是做记号的方式，好比在枕头上或者墙壁上尿尿，证明这个东西是它的，要其他猫咪走开。通常没有绝育的公猫比较常出现这样的行为。

猫咪会用各种方式占地盘

猫咪会在喜欢的人脚边留下气味

猫咪不见得会以打架的方式来捍卫地盘，但它会用其他方式去标示，例如做记号让你不靠近，喷尿、随地大小便。如果猫咪对地盘的问题感到焦虑，可能产生乱尿尿、喵喵叫，以及频繁到夸张地舔毛等行为。

在我们的观察来看，母猫比较少有这样的问题。但仍要看每只猫的状况，母猫虽然不会喷尿，但还是要观察一下是否会焦虑。

对狗来说，只要陌生人进入它的地盘，就会吠叫，希望把对方赶走。但猫咪不一样，若猫咪发现有陌生人入侵地盘，它不会抵抗，只会不安，可能表现得很焦虑，例如尿床。我想你应该没有看过有陌生人来你家，你的猫咪像狗一样跑去抓人、咬人的吧？猫咪通常会很害怕地躲起来。

每只猫咪的差异是非常大的。有些猫咪可能早已习惯陌生人进出，但有些猫却会因此变得很焦虑很焦虑……

Q51：我家猫咪为什么一直舔屁股，狂舔毛，舔毛舔到有点稀疏了？

小兽医 如果猫咪舔毛的时长与频率增加，尤其是专舔某一个位置，我们可能要开始注意是否那处有皮肤问题，或者皮肤病变了。

通常猫咪舔毛的方式是先洗洗手，然后洗洗脸，然后开始洗身体。如果猫咪只舔特定部位，那很可能是皮肤出现了问题。如果没舔特定地方，只是一直舔个不停，很有可能就是猫咪焦虑的一种表现。

猫咪舔毛

Q52: 猫咪也会焦虑吗?

小兽医　当然! 我们在 Q18 自发性膀胱炎的问题中, 就已经谈到过紧迫和焦虑对猫的影响。

猫咪是很在意环境的动物, 与狗相比, 猫咪更加关注自己的生活环境, 讨厌陌生环境, 讨厌无法控制的改变。

喵~就跟你们人类一样啊~谁希望一直被搬来搬去啊? 喵!

只有熟悉的环境,
熟悉的人和事物,
才能带给它们安全感。

如果可能的话，它们希望一切永远不变。猫奴眼中的小事，例如搬家、养了新动物、换了猫砂、去医院打预防针、因出国被送去猫旅馆等，对某些猫咪来说，可能都是天塌下来的大事呢！

猫咪的焦虑可能会用很多不同的方式表现出来：

1　防卫性的攻击。猫咪感到有压力，不想被触碰，所以发出威吓的低吼或者以抓、咬来攻击。

2　在猫砂盆以外的位置（床、沙发、地板、衣服上等）大小便。

3　频繁地舔毛或拉扯自己的皮毛。

4　不断走来走去，突然号叫或频繁地喵喵叫。

如果有以上行为或者是其他的异常行为（排除我们在第七章谈到因生病所导致的异常行为之外），猫奴们必须开始寻找让猫咪焦虑的原因。

以下是可能的原因，供猫奴参考：

1 环境改变或限制。如搬家、换猫砂，或是处在不熟悉的空间。

2 人员改变。如家中突然出现新成员，有新生儿或者新动物出现，导致猫咪的活动空间必须与新成员分享或必须与新猫竞争，或者家中有人或其他陪伴过的动物过世等。

3 缺少陪伴。因为猫奴工作太忙，或猫奴安排了连续数日的出游等行为，都会打破猫咪以往的生活惯例，让猫咪觉得寂寞不安而感到压力。

4 无聊或孤单。有些猫咪需要人们很多时间来陪伴，太少陪伴会让猫咪感到紧张不安，有压

猫咪焦虑紧张时会弓起背，毛也会竖起来

力。而它们表达有压力或焦虑的方式就是乱尿尿（便便）、喵喵叫，以及频率过高地舔毛。

所以，当你的猫咪出现让你困扰的行为时，先试着用排除法分析猫咪是生病还是焦虑。如果是焦虑，打骂并非上策，只要猫奴找到了让猫咪焦虑的源头，理解了它们的焦虑，进而改善猫奴自己的行为，我相信猫咪的焦虑应该可以缓解。

Q53：我家猫咪为什么爱咬人？

小兽医　可能是猫咪想要玩，想要引起你的注意。幼猫特别喜欢这样。一般来说，如果不招惹成猫，它们应该就不容易过来又抓又咬才对。

如果幼猫开始抓手或者咬手，或在家里跳来跳去，都是它们对外在环境表达好奇，是一种爱玩、淘气的表现。猫咪在出生的3～10周是它们社会化的时期，这段时期幼猫开始学着和外在世界互动，而最直接的互动就是抓抓看、咬咬看。此时它们还不会控制力道。

猫　奴　小猫咬人是种捕猎的练习吗？

小兽医　不是，只是小猫爱玩、淘气的表现。这段时期的发展会影响到猫咪的性格与习惯，所以如果猫咪小时候养成了用咬人、抓人来唤起注意力的习惯，长大后再想要改变就会比较困难了。

如果猫咪已经养成这种习惯，首先要避免用手逗猫、挑衅猫的行为。不要大叫、打猫，压制它或者咬回去。因为猫咪就是想要吸引你的注意，因此冷处理15 分钟（亦即猫咪一咬人就立刻不理它15 分钟）。

另外就是要找时间陪猫咪玩耍，让它有表达狩猎欲望的机会，避免它拿人类手脚当做玩具。

猫　奴　可是被咬很痛！教猫不就像教小孩，应该给它一个教训，让它知道怕啊！看它还敢不敢咬我？

张大嘴巴的阿妮

小兽医	打它只会让它害怕甚至畏惧你而已，很难让它与咬人这件事产生关联。就像前面说的，要先找到咬人的原因，找到原因会比打骂猫咪的效果来得更好。

解决猫咪随地大小便的情况也应该采用以上的方法。长久以来，大家都误以为把猫咪拖到物证处，押着它的鼻子，弹它耳朵处罚它是有效的——错了！

坦白说，猫咪并不明白它的行为与处罚之间的关联性，猫奴应该要知道，这是猫咪表达情绪的方式之一。所以，找到问题的源头才是更好的解决方法！

第十章
我家的猫咪老了

　　很多猫奴觉得，养猫比养狗方便多了。可是，当猫咪老了呢？当它们开始跳不高，眼睛开始渐渐浑浊，嗅觉也开始不敏感，夜晚可能还会莫名号叫，脾气突然变坏，也更容易生病，当照顾它们开始变得不那么方便与快乐的时候……

猫咪从5～6岁开始逐渐退化，10～11岁就正式迈入高龄。随着猫咪渐渐老化，它们和人类一样，必须面临肥胖和器官老化所造成的慢性病等问题。

若猫咪真的生病了，猫奴需要真心包容，审慎照顾。生病，是世界上最现实、最残酷的一件事，它需要我们花费更多精神、体力、时间、金钱，同时还需要耐心、理智，以及坚持不放弃的决心。

让我们所爱的动物安养老年，这是我们对它们的责任。

在本章的最后，我们来谈谈大家都不想面对的主题——猫咪的死亡。有生就有死。当你选择当猫奴，选择爱上猫的那一刻起，就必须面对，终有一天，你的猫咪会比你先离世。

Q54：猫咪胖胖的很可爱啊，为什么每个兽医师谈到胖胖猫都如临大敌啊？我家的猫胖吗？

小兽医　　我家小丸子可是标准身材，不到 3 千克哦！

又开始炫耀了……

咳咳……

先让我们谈谈猫咪的标准身材吧！

一般的测量方式是体重加上 BCS（Body Condition Scores），两者一起判断，除了猫咪体重之外，BCS 是由猫咪的身形来判断它是否过重。就是由上往下俯视猫咪，如果腹部可以明显看到圆滚滚地突出来，那就是过胖了。

肥胖猫的内脏会有过多脂肪堆积，进而容易产生如关节炎、糖尿病、心血管疾病、肾脏病、脂肪肝、尿路问题等疾病，以下简单介绍猫奴们不熟悉的关节炎与糖尿病。

猫咪圆乎乎的很可爱，但不能过胖

关节炎是一种容易疼痛、很不舒服的疾病，然而猫咪的关节炎往往难以发现。因为来医院的猫咪大部分都不走动，都缩在猫笼里面，并且猫咪的姿态并不容易像狗一样出现明显的跛行，所以猫奴的观察就变得更为重要。

由于猫咪是很容易隐藏自己病征的动物，所以如果发现猫咪走路缓慢，越来越不爱走动或跳上跳下，与猫奴互动与游戏的时间变少，甚至连抬脚踏入猫砂盆都变得不情愿，开始懒得梳毛，走路姿势开始有一点僵硬，被猫奴摸到脚某处时会疼痛咬人或大叫，被抱起或惊动的时候比以前更暴躁易怒，那就请带它来医院吧！

至于糖尿病，其实是猫咪胰岛素无法正常代谢糖类而导致的代谢性疾病，这让猫咪的身体无法利用糖，所以血糖指数升高，而糟糕的是肾脏又无法吸收，只好把这种高度浓缩的糖通过尿液排放，所以患糖尿病的猫咪，就会出现我们常常听到的"三多"——吃多、喝多、尿多的症状。即便猫咪吃再多，因为无法把糖转换为能量，所以身体其实一直处于饥饿的状态。

根据发病的原因，临床上将糖尿病分为三型。糖尿病的犬猫，除了出现"三多症状"，还常伴有如消瘦、抵抗力变差（是反复性不容易好的尿路感染）、精神活动力变差、白内障和肝脏肿大等症状。然而面对这类病患，首先需要作出正确的诊断；同时让病患住院以便于做出血糖曲线。通过适当剂量的胰岛素施打和正确的饮食管理，达到良好的控制。猫奴是否能够遵循医嘱进行照顾，往往是糖尿病控制成效的关键因素。

至于观察部分，除非是非常仔细的猫奴，否则一开始猫咪的病状都是很难发现的：猫咪的喝水量与排尿量异常增多，也非常容易饿，却开始日渐消瘦。但如果猫咪开始出现昏睡、不吃、呕吐等严重状况，可能会导致死亡。因此，定期进行健康检查，有助于在早期发现糖尿病。

糖尿病的治疗需要饮食控制，所以居家照护（一天打两次胰岛素等），定期检查与监控都非常重要。

猫　　奴　　听起来和人类肥胖的慢性病很像？

小兽医　　对啊，所以不要再说猫咪胖胖的好可爱了！因为你只想到你自己……

猫　　奴　　可是猫咪就是一直来讨吃的，它们贪吃的程度好恐怖！

小兽医　　现在来谈谈猫咪减肥的事情吧，保持猫咪好身材是猫奴的责任哦！

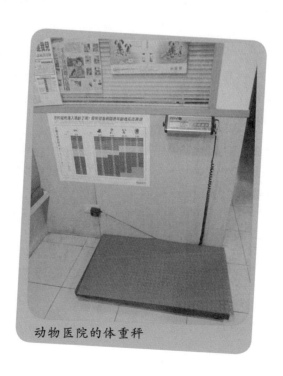

动物医院的体重秤

同场加映

如何让猫咪减肥？

以下是小兽医的建议：

1 饲料的选择，选择热量较低的饲料，如减肥饲料。在多处放置（少量）食物，让猫咪在找吃的时候，能多走一些路。

2 控制它的热量与进食量。

3 多运动，多陪玩。

4 定期监控它的体重与 BCS。

猫咪发胖的主要原因就是吃得多、动得少，而年纪越大的猫咪，活动量越少。

如果你是固定放猫食，由猫咪自己进食的那种猫奴，请改成定时定量喂食。可以先少量多餐，观察猫咪一次进食的量大概是多少，再调整成一日喂食 2 次。老猫可增加到一日 4 次，当然每次分量要减少。

如果猫咪属于贪吃猫，就是有多少吃多少的那种，那么定时喂食更为重要。另外对于喵喵叫讨食物的猫咪，可以用游戏的方式增加它的运动量，分散它食物的注意力。

不要短时间内减少你喂食的数量，如果你是猫，应该也不希望猫奴执行太残忍的减肥计划吧？但是，定时定量，慢慢地减少你喂食的数量，以及用逗猫棒让猫咪多运动，应该可以让猫咪恢复比较健康的身材。

猫　　奴　　猫咪绝育后好像很容易发胖？

小兽医　　是，因为情绪稳定，少了让它们焦虑紧张的因素，自然就吃得多啊！但绝育还是要做的，因为好处还是比坏处多。

Q55: 我家的猫咪老了吗?
怎么判断猫咪是不是老了?

小兽医　　猫咪到5～6岁算是熟龄猫，10～11岁就算正式迈向高龄。换句话说，从5～6岁开始，它们退化的速度会逐渐加快。

猫咪的老化一方面反映在它们的身体与行动上，它们的视力、听觉、嗅觉变差，免疫力下降，牙齿变差，动作不再像年轻时那么活泼敏捷，可能没办法跳很高、跑很快。另一方面，就像人类头发会变白一样，猫咪的胡子和毛发也开始变白。

老猫除了活动力会降低外，睡眠时间也会变得更长，也开始变得不爱整理自己的毛，指甲的角质也会变厚。

不过，单由猫咪的外观是无法判断猫咪年纪的! 像我们家小丸子看起来就很年轻（以下省略称赞小丸子一百句）……

当猫咪开始变老，猫奴们需要开始重视老化的问题，例如慢性病，心脏、肾脏、关节、肿瘤问题，还有我一直强调的肥胖问题。猫奴必须双管齐下，一方面观察并记录猫咪日常作息和饮食状况，另一方面则是通过每年定期的健康检查来追踪猫咪身体内部的变化。

同场加映
对老猫的日常照顾

以下是小兽医的建议：

1   调整饮食

  饮食上，可选择低热量的老猫饲料。但若猫咪有生病或有特殊体质的需要，则须与医生再行确认猫咪的营养需求，例如老猫的肾功能会随着年纪增长逐渐衰退，所以如果猫咪肾功能不佳，则需要与医生讨论是否使用处方饲料。

  老猫因活动量降低，对日常的能量需求会减少，因此猫奴须更仔细观察老猫们的食量与体重，尽可能维持理想体重。

  喂食部分，建议少量多餐（每天3～4餐），并提供干净清洁的饮用水。

  要注意的是，喝水很重要。饮水量不足对猫咪的肾脏功能将有不良影响，严重的甚至有肾衰竭的危险。因此，请仔细留意猫咪的喝水状态，如果猫咪不太爱喝水，可采用在喂食的罐头里加水，多处放置水盆，随时替换干净的水，冬天放些温水等方法，以增加猫咪的饮水量及对喝水的兴趣。

2　加强照顾

由于老猫们自我清理毛发的时间变少了，所以猫奴们必须经常给猫咪梳毛，定期给猫咪剪指甲、清理耳朵与眼睛周围的分泌物，同时检查猫咪的皮肤、耳朵和眼睛是否有异常。

3　改善居家环境

由于老猫的跳跃力变弱，因此若老猫喜欢在猫跳台或家具间跳来跳去，猫奴须尽量降低或减少物品与物品之间的高差，以免使对自己评价过高的老猫在跳跃途中掉下来摔伤。例如在猫咪的高跳台旁多加一张椅子，减少猫咪需要跳跃的高度等，又如使用比较浅的猫砂盆，让猫咪方便进出等。另外，请准备安静舒适，有隐蔽性的空间以便它睡觉或休

年纪越大，猫咪睡眠时间越长

息。老猫比较容易怕冷，因此冬天要更注意老猫的保暖。

4　定期洗牙

猫咪因为老化而导致免疫力下降，口腔细菌容易滋生，造成牙周疾病，严重的甚至造成细菌由血液循环带到心脏、肾脏等器官，最终导致发炎。因此，每一年到一年半需要洗牙一次。

5　至少一年一次进行健康检查

由于老猫的退化速度有时候会非常快，因此稳妥一点说，每半年进行定期检查，更有助于医生尽早发现病况。

如果你的猫咪是跟着你一起睡在床上，那请你准备好阅读下面的文字。当猫咪开始渐渐老去，它们很可能因为肾衰竭或其他缘故，开始出现无法控制大小便的状况。

猫失禁不是一件令人愉快的事情，因为猫尿特别臭，特别是在冬夜，清洗床单更是对猫奴耐心的一大挑战。别发火也别沮丧，这不是任何人的问题，只是单纯因为猫咪年纪大了而开始失去控制，请你多点接纳与体谅。

以下是猫奴对猫尿床的处理方式：

1   先观察猫咪习惯睡觉的位置，例如棉被上或是棉被里面。

2   购买枕头与床单用的保洁垫。

3   多准备几个保洁垫、床单、棉被与枕头以便更换。枕头套内与床单下方都需预先垫好保洁垫，使用保洁垫可避免枕头本身与床垫被猫尿渗透。

　　如果猫咪习惯睡在棉被里，你只需要更换保洁垫、床单与棉被就好。

　　假使猫咪习惯睡在棉被上，也有猫奴会直接在棉被上加铺一层尿布垫，让猫咪睡在尿布垫上。

4　被尿过的床单、被套或衣物，需先用小苏打加水将尿渍部位清洗并去除尿味。如果当时没空处理，则可先浸泡，等有空时再放进洗衣机清洗。如果是羽绒被和枕头，建议先用小苏打加水将尿渍部分在第一时间清洗除臭，再送洗衣店干洗。

5　可尝试让猫咪睡在其他地方，设计舒适温暖的猫窝（多找几条厚毯子），试试看是否能够诱导猫咪睡在自己的猫窝里。当然，猫窝也要铺好尿布垫并且多准备几条能够替换的毯子。

Q56：什么是慢性病？
老猫常发的慢性病有哪些呢？

小兽医　　我曾经看到有兽医师这样形容，"慢性病就是在悬崖上，缓慢地接近死亡"。这种病拉扯着猫咪，可能很快将它拉下悬崖（猫咪死亡），但如果好好照顾的话，就像拔河一样，你可以延长猫咪留在悬崖上的时间。

慢性病都需要猫奴长期的抗战（照顾）。

哪些是老猫们常遇到的慢性病呢？在我的观察中，五大慢性病分别是白内障、糖尿病、肿瘤与癌症、慢性肾衰竭、心脏病。糖尿病已在Q54谈过，这里来谈谈其他四种病状。

猫　奴　　白内障一定要开刀吗？

小兽医　　视情况而定。所谓白内障是指眼睛水晶体部分变白或是全都变白，造成光线无法透过而导致视力减弱或是失明。白内障发生的原因，最常见的就是老化，但不限于老化，有些种类的纯种犬发生比例也较高。

白内障会逐步影响视力，渐渐失明，导致生活质量变差。也可能造成眼压上升，并发青光眼，其疼痛可能会影响猫咪的精神及食欲。目前医疗上最好的方法就是通过开刀将眼睛的水晶体换成人工水晶体。但是否一定要开刀，仍然需由医生与猫奴们讨论后决定。

| 猫 奴 | 肿瘤一定要切除吗？ |

| 小兽医 | 我建议要。近年来，老年猫狗死亡诱因排行榜上，第一名就是肿瘤，通常我们称恶性的肿瘤为癌症。 |

当你在猫咪身上发现一些不明的肿块，或者在健康检查中发现猫咪有些器官或组织有异常的团块，这些都是猫咪长肿瘤的特征。很多猫奴会问，那一定要切除吗？我认为，只要猫咪身体状况允许，切除是比较好的选择。

肿块的影响，最直接的就是压迫猫咪的身体，影响血液淋巴循环，或是压迫到神经。如果肿块长在器官上，器官很可能丧失功能，以上任何影响，都可能会造成猫咪疼痛，进而影响生活。

我认为，不管化验的结果为良性还是恶性，在猫咪身体允许的情况下将之切除都是比较好的选择，因为良性很可能转为恶性，而恶性可能加剧或者日益扩大。

猫奴们千万不要忽略任何肿瘤的出现！！！即便你们不爱听，我还是要请你们定期带猫咪做健康检查，毕竟，外在的肿瘤早期容易发现与移除，而定期的健康检查将提高医生发现内在肿块的概率。肿瘤是越早发现越好，术后存活率越高，这种病是拖不得的！

另外，恶性肿瘤仍旧会有切除后复发的危机，猫奴不可大意！

猫　奴　　慢性肾衰竭会好吗？

小兽医　　答案是不会。临床上，慢性肾衰竭是老猫常见的问题。所谓肾衰竭是指猫咪的肾脏渐渐失去功用（大概只剩 25% 的肾脏是正常可用的），而这种病症会造成不可恢复的伤害，因此对老猫来说，死亡率极高。然而这种疾病，早期诊断，早期控制，早期治疗，往往会有较好的效果，虽然无法恢复猫咪肾脏原本的功能，但只要能妥善控制，猫咪仍然会有不错的生活质量。

慢性肾衰竭在患病初期症状并不明显，因此，若猫咪开始出现呕吐，食欲减退或不吃，大量喝水与大量排尿，走路摇晃等症状，请立即就医。

肾脏衰竭的治疗与控制主要有高血压的监控、钾钠钙磷离子的平衡，饮食上以低钠低蛋白为主，并补充适当的营养品。

猫　奴　　那猫咪可以像人类一样洗肾吗？

小兽医　　有些动物医院会提供这样的设备，不过长期洗肾的成本极高，此外由于猫咪体积小，洗肾容易引发感染问题。

猫　奴　　猫咪心脏病需要一辈子吃药吗？

小兽医　　看是哪种心脏病。心脏病是对各种心脏疾病的统称，概指心脏的机能、外形或构造出现异常。所以心脏病有层级（严重程度）的差异。第一级，属于检查不太出来，就是心肺功能较正常猫咪弱。第二级，猫咪出现容易疲倦、喘息、体力变差的状态，并且在 X 光或超声波检查下发现心脏异常。第三级，除了第二级的症状，猫咪还会出现尖锐性咳嗽的症状。第四级就是最严重的情况，心脏衰竭，猫咪会出现严重地喘息、呼吸困难，容易发生昏厥、休克，同时出现肺水肿与暴毙致死的可能性极高。

处于第一、二级的猫咪，需要饮食控制并开始使用健康食品，延缓心脏病的恶化。而处于第三、四级的猫咪，服药就是控制心脏病的重要手段，随意停药可能导致猫咪心脏衰竭。

心脏病和前面谈的肾脏病一样，只能控制，无法复原。因此，治疗方法只能以减缓恶化的速度去控制，以延长心脏的保固期。

同场加映
每年健康检查的重要性

　　慢性病的治疗与照顾，既花钱又花时间。让我再次提炼一下重点：慢性病大多不会好，只能"控制"它，避免坏得太快。

　　因此，看似花钱又花时间的健康检查，虽是很简单的一小步，却极有可能成为早期发现慢性病的一大步。而慢性病最重要的就是"及早发现，及早治疗"。

Q57：猫咪病得很重？
该救它还是让它走？

小兽医 | 这对我们来说也是很艰难的事，但我们仍然得站在客观理性的角度告诉猫奴最实际的病情。至于会让兽医师斟酌很久之后，最后还是告诉猫奴，"你可以考虑让它安乐死，让它好好走"的情况是：

第一，经过诊断、治疗之后，猫咪的恢复状况并不理想，甚至身体状况持续下滑。

第二，猫咪已经没有了生活质量。例如它可能终其一生不能走路，必须靠人喂养、把屎把尿，甚至有严重的褥疮等。

第三，当猫奴的努力已经到极限了。

以上三个条件都出现的时候，我才会和猫奴讨论安乐死的必要性。我想，让猫咪在没有痛苦的时候离开，也是一种选择。

Q58：猫咪走了，
该如何处理它的后事?

小兽医　这是个重要的问题。很多人没有预期到死亡的问题，所以常常在猫咪离开后打电话来问动物医院："我要怎么纪念陪伴我十几年的猫咪？"

一般动物医院的处理方式是火化。因为火化是比土葬更卫生的选择（这么多年了，不要再告诉我你赞成"死猫挂树头"的谚语了，这不卫生）。猫奴可选择请动物医院代为处理，医院会统一送交特约焚化处或公立单位火化，但这种方式是集体火化，骨灰没法领取。猫奴也可选择私人、民间开设的宠物的安乐园，以独个火化的方式，将骨灰带回或放在安乐园、灵骨塔供奉，或者火化后将骨灰安置在它生前最喜欢的地方，或以海葬、树葬的方式告别。*

---

*这里讲到的是台湾动物火化安葬的方式，大陆宠物丧葬方式请结合当地的具体情况考虑选择。

猫　奴　　这一题让我好难过呜呜呜……

小兽医　　我知道这是猫奴们最不想面对的事，但终究有一天猫咪会离开我们，该怎么说再见确实是很重要的课题。

　　　　　猫咪的平均寿命约为 12～15 岁，不管我们人类多么希望猫主子陪我们长长久久，但现实就是它们终会死亡。所以当我们的猫咪已经到了平均寿命的年龄，猫奴们就得开始做好心理准备了，虽然我知道你们都很不愿意去面对，谈一谈就很想骂兽医师……

猫　奴　　骂兽医师？

小兽医　　因为很多人舍不得放手，就想尽办法要猫咪活着，但今天我们用尽了所有的医疗资源，用尽所有的力气了……唉，这也是我们很难过的时候啊，尤其一些猫奴不能接受，在医院里哭闹着要我们一定要把猫咪救回来的时候，我们真的尽力了！

猫　奴　假使发生这样的事情，我想我第一个反应是自责，
先是责怪自己怎么没有早一点发现，是不是做得不
够多，接下来再检讨是不是兽医师做得不够多、不
够好……理智上知道不该怪兽医师，可是情感上还
是很难过得去……

小兽医　可以找兽医师抱着哭……但不要骂兽医师，虽然我
知道这是我们动物医院一定要面对的，但真的有太
多人无法面对……

同场加映

猫奴版：好好说再见

当爱猫离去时，不管它是因为什么理由离开，是令人震惊的猝逝还是久病不治，我们其实从来没有准备好分离。即使我们以为自己已经准备好了，但当分别的那一刻来临时，我们仍旧会觉得一切都发生得太快，太难以接受。

当我们深爱的喵星人呼出它的最后一口气时，请找个干净的、比猫咪略大的纸箱，里面铺好毛巾，将爱猫轻轻地放入。将纸箱放在家里，安静且不受干扰的角落。若你的宗教信仰是佛教，在你送它去火化前，可播放佛经为它助念；若是基督教徒，可在送走它之前，在家里举行一个小小的告别仪式，请家庭成员共同为它祷告；其他宗教信仰也可依照自己的仪式进行小小的告别。

你可以在纸箱中放些爱猫喜欢的东西、一些小花，家人们可以和它说说话，感谢它的陪伴，感谢它的爱，你对它的爱，对它说现在不再痛苦了，请它先在天堂等你——不要只是哭——一边哭，一边还是要好好地和它道别。

为了不留下遗憾，道别的仪式很重要，可以的话，最好留些时间给每一位家人，让他们可以摸摸它，和它说说话，好好地说再见。

接下来就是选择火化的场所，火化后，你可将骨灰送到灵骨塔或选择树葬、海葬，或是葬在它喜欢的地方，让你想念它的时候可以去看它。至于我家，则是选择从不留下骨灰的方式，因为我们相信它永远在我们心中，所以尘归尘，土归土，灵魂归天堂。

那些"假如"——猫咪走后，我们会有好一段时间一直想着"假如"。假如我早点带它看医生，假如我早一点发现，假如我小心一点把东西收好，假如我当时多陪陪它，假如我不进行这样的治疗……那么，或许它就会或不会这样或那样。

游戏可以重启，但人生不行，猫生也不行。

这些"假如"会让我们痛苦，让我们后悔自己的抉择，只是生命没有重来，我们唯一能够做的，就是好好地从经验中学习，然后好好道别，勇敢道谢。

有朋友在猫咪离开后，哭着对我说："我没有办法接受，我再也不养猫了。"

他选择了不再触碰这个伤口，不再谈论这件事情，因为伤心，因为痛。

我则说，你不记得那些美好时光了吗？那些你跟它在一起，你陪它、它陪你的好时光吗？

当我想念它的时候，我想起的，不是它离开我的这个缺口，而是我们曾经共度的岁月。我想起它的样子，安静呼噜，认真玩乐，严肃舔毛，还有偷溜出门后，叫它回来，它一边走一边发出"麻麻麻"的抱怨声。

"可是我现在伤心啊！我再也见不到它了……"又是一阵啜泣。

当然还是会伤心。伤心难过时，认真地好好哭一场，写下你的感受，跟好朋友和家人分享失去的悲伤、拥有的快乐。

认真地哭一哭，用文字或在心中，好好地和它说说话，好好地谢谢它陪伴你的岁月，对它说没有它，你会好好的，希望它也好好的。让时间慢慢地抚平伤痛，留下淡金色的回忆。

想想那些快乐吧，伤心会与快乐交融，于是你笑了，即使带着眼泪。那些你曾经命名为爱的时光，我会说，与其把它封存为你的悲伤，倒不如时不时拿出来，和认识你猫咪的朋友，一起回忆它，仿佛它还在你的身边。

　　猫咪用它的一生陪伴我们走了人生的一段路，让我们用眼泪、用回忆纪念它们吧！我想我们总会再见。

版权贸易合同登记号 图字：01-2017-6120

图书在版编目（CIP）数据

喵问题：学着好好爱你的猫 / 小兽医林煜淳，猫奴41著. — 北京：电子工业出版社，2017.9
ISBN 978-7-121-32651-6

Ⅰ. ①喵… Ⅱ. ①小… ②猫… Ⅲ. ①猫—驯养—问题解答 Ⅳ. ①S829.3-44

中国版本图书馆CIP数据核字（2017）第218404号

策划编辑：周　林
责任编辑：周　林
特约编辑：赵　红
印　　刷：北京文昌阁彩色印刷有限责任公司
装　　订：北京文昌阁彩色印刷有限责任公司
出版发行：电子工业出版社
　　　　　北京市海淀区万寿路173信箱　邮编：100036
开　　本：720×1000　　1/16　　印张：15.25　　字数：195千字
版　　次：2017年9月第1版
印　　次：2017年9月第1次印刷
定　　价：55.00元

凡所购买电子工业出版社图书有缺损问题，请向购买书店调换。若书店售缺，请与本社发行部联系，联系及邮购电话：（010）88254888，88258888。
质量投诉请发邮件至zlts@phei.com.cn，盗版侵权举报请发邮件至dbqq@phei.com.cn。
本书咨询联系方式：zhoulin@phei.com.cn。